PARK STUDIES

公園の可能性

石川 初
著

鹿島出版会

まえがき

公園を巡りながら公園について考えたい、というのがこの本の趣旨である。

日本において、「公園」は制度であり、公式にはその内容が法律で定められた施設を「公園」と呼ぶことになっている。

だが、公園という言葉で私たちの多くが思い浮かべるのは「都市公園法による施設」ではないだろう。それは、樹林に囲まれた芝生であったり、木製のベンチや遊具であったりするのではないだろうか。または、そのような場所に集い賑わう様子であったり、子どもたちが遊んだりするといった様子かもしれない。いわば「公園的な風景」である。

公園的な風景は確かに公園にありがちではあるが、必ずしも公園にしかないものではない。河川の堤防や線路際の空き地や、繁華街の裏路地や住宅の庭先などに、思わぬ公園的な風景があらわれていることがある。

いや、むしろそのような公園的な風景のほうが、公園ができるよりも先にあったのだ。たとえば、集まって騒ぐとか、地面に座り込んだり寝転んで休むとか、子どもたちが遊び回る、キャッチボールをする、飼い犬を走らせる、そんなことを街のどこでも自由にすることができればわざわざ公園に出かける必要はないだろう。街でそういうことができなくなったために、公園がそれらの行為を受け止めているのである。だから、公園にありがちな風景を「公園的」と呼ぶのは本来的ではない。街のあちこちにあった風景を公園がひと括りにしているだけだ。

そう考えると、公園の目的としてしばしば挙げられる「賑わいの創出」という言葉が奇妙なものに思えてくる。賑わいは公園によってつくり出されるものではない。

さらに言えば、「賑わい」だけが公園の価値ではない。公園ができたことによって賑わいがそこにあらわれることもあるだろう。でもそれは公園が「創り出した」ものではない。公園は、すでにあった賑わいを「受け止める場所」、あるいは街のなかに確保された「賑わってもいい場所」とでも言うべきものだ。公園の賑わいは見ていて楽しい風景だが、それはその周囲の街に賑わえる場所がないことの裏返しかもしれないのである。街の喧騒から逃れて、木陰のベンチでひとり静かに読書する、そんなことのためにも公園はある。集客が必要な商業施設とは違って、賑わいなく閑散としていることも許されるのが公園である。近年、飲食店などの商業施設と一体に整備された公園が増えていることもあって、公園の設置の成功の証しとして多くの人で賑わう様子がメディアで紹介されることがよくある。だが、「静寂と孤独を創出する」公園があってもいいのだ。公園が受け止めるものごとはさまざまで、そこに公園を取り巻く都市や社会の様子が断面のようにあらわれる。

公園は不思議な施設である。公園はたしかに私たちの生活を豊かにするが、公園だけがあっても生活は成り立たない。公園はあくまで街の活動を補完するためのものである。しかし、だからこそ公園には、公園を取り巻く社会や時代が求めるものが写し絵のようにあらわれるのである。公園でひと休みしつつ、また街へ戻るまでのつかの間、公園に求めるものを通して私たち自身についても考えたい。

目次

まえがき ― 003

第1章 都市のなかの公園 ― 009
都市の庭になりつつある公園 ― 010
解放区としての街区公園 ― 018
屋上という気候 ― 026

第2章 公園の記号と性能 ― 035
みんなの公園、わたしのベンチ ― 036
トイレの矛盾と形 ― 044
禁止サインから禁止しないサインへ ― 052
遊具という象徴 ― 060

第3章 自然との対峙 ― 069
オープンスペースとしての水面 ― 070
雑木林の風景 ― 078

樹木がもたらすもの　086
表層の自然　094

第4章　公園のなかの造形　103

「欲の細道」ディザイア・パスの風景　104
光の風景　112
田園風景の子孫たち　120
公園の形　128

第5章　公園の公共性　137

「公」を担いうる「園」　138
「公開空時」暫定利用の空地の可能性　146
追悼の風景、他者のための公園　154
初出および参考文献　162
あとがき　164
Credit　166
Profile　167

第1章

都市のなかの公園

RACINES

芝生とデッキとカフェのある南池袋公園（東京都豊島区）

都市の庭になりつつある公園

木製のデッキテラスで芝生とつながったカフェのある公園は、都市と自然の間をつなぐものとしてつくられている。それは新しい都市の「庭」だと言えそうだ。

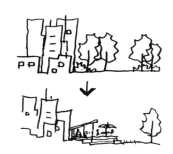

公園の「三種の神器」

都心につくられた新しい公園は、平日の昼間でも訪れる人で賑わっている。そんな公園を巡りながら思うことは、見た目にもうるわしい公園が増えたということだ。最近の公園はじつに明るく乾いていて清潔で、施設は都会的に洗練されている。特に目を引くのは公園に付設されたカフェの佇まいである。

かつて、ブランコとすべり台と砂場が公園の「三種の神器」と呼ばれていたことがあった。神器と言ってももちろんたとえ話であって、これらの遊具が何か神聖な力をもっていたわけではない。団地や住宅地に点在する児童公園が公園の代名詞であった時代に、公園として機能するにはこうした遊具がそろっている必要があり、その場所が公園であることを象徴するものであった。

そして今日、公園の三種の神器と呼べるものがあるとするなら、それは「芝生とデッキとカフェ」なのではないかと思う。これらがそろってさえいれば公園となるというわけではないが、公園の構成要素として説得力があり、この組み合わせが公園を新たに象徴する力をもちつつあるという点で、新しい神器と呼んでもいいのではないだろうか。

盛り場への回帰

公園にカフェなどの飲食店の設置が増えたのは、二〇一七年の都市公園法の改正*が象徴する、民間の投資を公園整備に活かす近年の公園の「管理」から「経営」への動きのあらわれであると言える。長い間、公園には一定規模以上の施設の建築が禁じられ、公園自体は直接的にはお金を生む施設だとは考えられていなかった。むしろ、建物に隙間なく覆われた都市のなかで、建物が存在しない場所として公園は法律で守られてきた。それによって、都市では引き受けられないものを公園は担ってきたのである。

もっとも、遡って考えると、日本の公園は必ずしも店舗を排する場所ではなかった。その始まりは一八七三（明治六）年のことである。この年に公布された「太政官布達第一六号」という法令に「公園」という言葉が登場した。この法令は、全国の府県に向けて「これから

*二〇一七年、都市公園法改正によりPark-PFI（Park-Private Finance Initiative）制度が新設された。

公園という制度を発足させるので、それに相応しい場所を申し出よ」という趣旨のお達しである。これに応えて東京府からは上野の寛永寺や芝の増上寺、飛鳥山や浅草寺といった場所が伺い出され、これらが日本初の公園となった。

明治維新後、ヨーロッパに倣った都市の近代化の一環として設けられた「公園」が、じつは伝統的な寺社の境内地などの転用で誕生した、というのはなかなか興味深い。公園の始まりはすでにあった賑わいの場所を「公園」と呼ぶことだったのである。そのため、たとえばそのような公園のひとつである浅草公園（今の東京都台東区）は、公園内に以前から存在した遊技場や屋台などの「盛り場」も含まれ、そこから支払われる「場所代」が行政の収入として公園の維持管理に充てられていたという。盛り場の風景は今日私たちが思い浮かべる公園のイメージとはずいぶん違うが、公園に場所を借りた民間のお店の売り上げで広場や園路を整備するPark-PFIの仕組みと、その構造は似たようなものである。今日の公園のありようは、明治の初期の公園への回帰とも言えなくもない。

浅草公園（『日本之勝観』一九〇三年）

カフェの庭としての公園

「芝生とデッキとカフェ」が浅草公園の盛り場と異なるところは、盛り場はアクティビティであって、公園という制度よりも先にあったのに対して、カフェはその空間デザインによって公園の外部の賑わいを公園にもち込むことが目論まれているという点だろう。公園のカフェにはカウンターやテーブル席があり、たいていガラス越しに公園への眺望が確保されている。カフェの床はそのままテーブルやベンチやパラソルが並べられた屋外のデッキテラスに続いている。その先に隅々まで綺麗に刈り込まれ手入れされた明るい芝生が広

（上）新宿中央公園（東京都新宿区）の夜景
（下）同公園、芝生を望むカフェ

がっている。背景に濃い緑の樹林が、そしてその向こうに高層ビル群が並んで見えていることもある。奥行きのある、写真映えする風景である。芝生は人が踏み歩くことができる点で舗装に似ているが、生きた植物であり、こまめな手入れが必要な植栽地でもある。カフェの屋内の床と植栽地である芝生との間にウッドデッキが置かれることで、屋内と屋外、やや大げさに言えば都市の人工的空間と緑地の自然的空間がゆるやかにつなげられる。私たちは公園を取り巻く都市からやってきて、カフェでお金を払い、デッキを介して芝生に下りていって自然に触れ、またカフェを経由して都市に戻ってくる。デッキを伴ったカフェから見れば、芝生の公園はカフェの庭である。つまり、巧妙で穏やかな都市化にほかならない。

もちろん、カフェの美しい庭を楽しむことは悪いことではないが、庭のなかに「都市ではない場所」としての公園をもう一度見出すことは可能だろうか。ひとつのやりかたは、都市の側からではなく自然の側から公園の芝生に入っていくことかもしれない。食料や飲料をバッグに入れて持参し、雨に降られてもいいように合羽を着て、海から陸地を見るように芝生からカフェを眺めるのである。

新宿中央公園でピクニックをする。左手前が著者

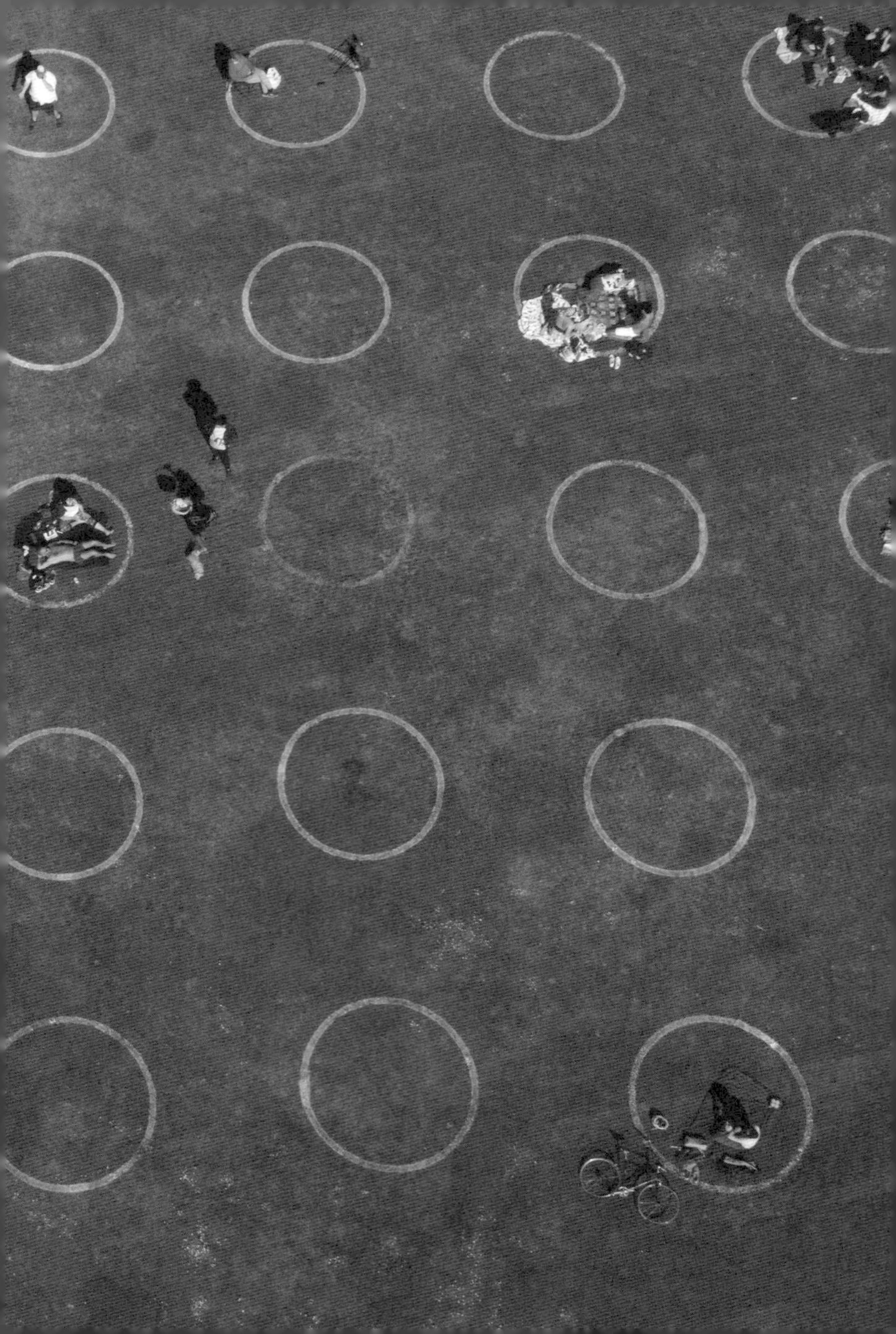

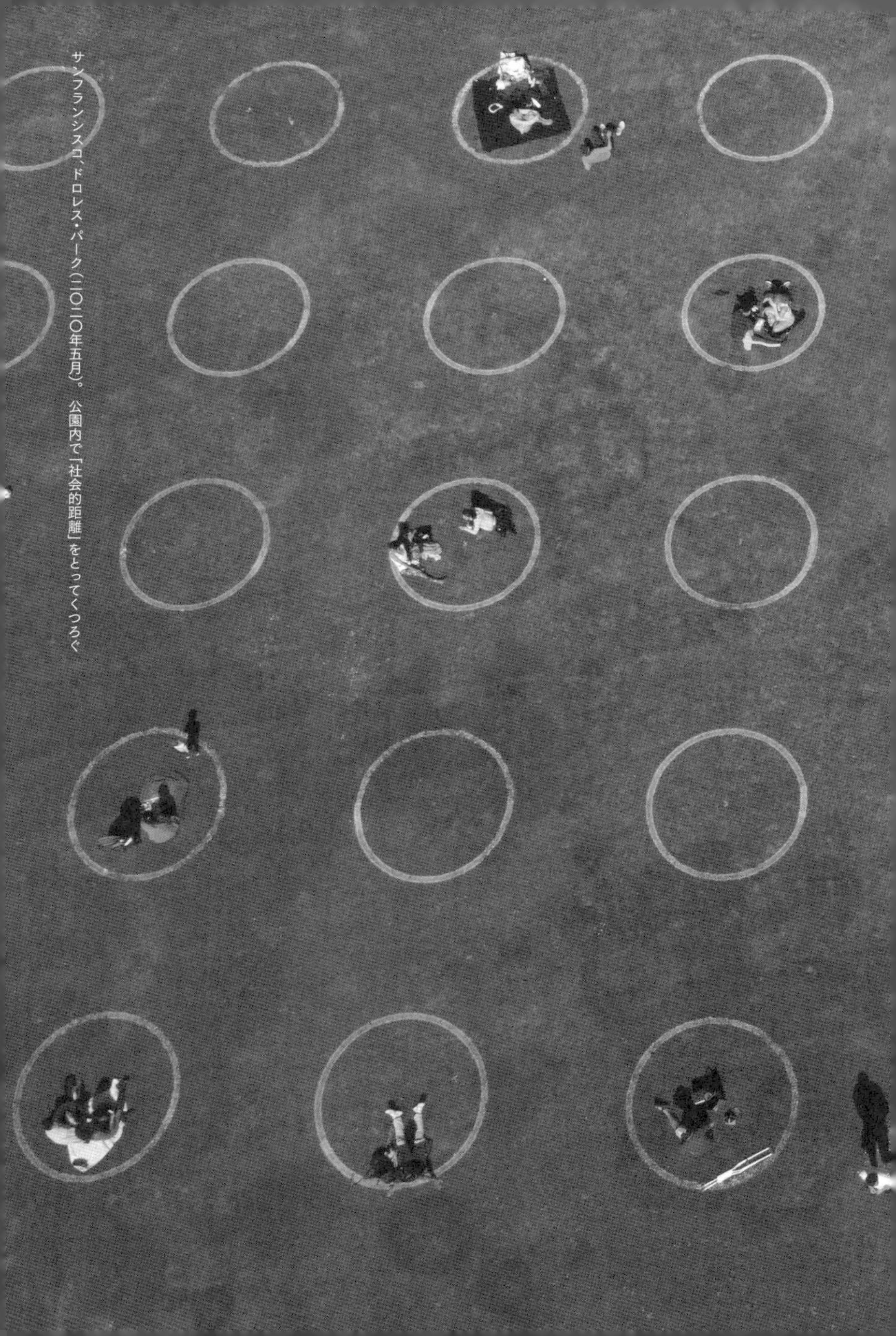

サンフランシスコ、ドロレス・パーク（二〇二〇年五月）。公園内で「社会的距離」をとってくつろぐ

解放区としての街区公園

コロナ禍は私たちの生活を大きく変えたが、
それをきっかけに再発見されたものもある。
そのひとつが住宅地の街区公園であった。
街の公園はステイホーム時代に新しい意味を帯びた。

再発見された公園

COVID-19の世界的な流行とその対策、いわゆるコロナ禍は私たちの生活を大きく変えた。できなくなってしまったことや不便を強いられたことも多いが、コロナ禍を契機として新しい価値が見出されたものもあった。そのひとつに、住宅地に点在する小規模な街区公園がある。

コロナ禍が具体的な災厄として私たちの生活にふりかかってきたのは二〇二〇年の春の

ことである。感染症の拡大を防ぐ対策としてまず行われたのが人の移動の制限だった。市民には不要不急の外出を避け、自宅に留まっていることが求められた。また、多くの人が集まること、特に屋内で人が密集することが禁じられ、全国の小中学校は臨時休校となって予定より早く春休みに入った。多くの企業がテレワークを実施し、従業員の執務場所は職場から自宅へ移り、オフィス街や駅や空港からは人影が消えた。

都心から人がいなくなった代わりに賑わいを見せたのが住宅地の街区公園であった。普段はほとんど利用者がなく、閑散として雑草が生えていたような近所の公園が、行き場を失った小学生や未就学児とその保護者たちで平日の昼間から溢れかえった。

街区公園とは都市公園法に基づいて設置される公園のひとつで、住宅地のなかに計画的に分散配置される。もともとは児童公園と呼ばれていたのを、一九九三年の都市公園施行令改正の際に改められたものである。今でも子ども向けの遊具が設置されている公園もあるが、最近では社会の変化を反映して高齢者向けの健康器具に置き換えられる例が増えている。

そんな街区公園が、遊び回る子どもたちとベンチに腰掛ける大人たちで賑わっている様子はちょっとした眺めであった。かつての児童公園が久しぶりに子どもたちに遊んでもらって嬉しいだろうな、と妙な感慨を抱いたのを憶えている。

街の隙間を探して

ところが、この賑わいはそれから一か月も経たないうちに公園の管理者によって絶たれてしまった。公園で遊ぶ子どもたちの様子が、狭い空間に過密に集まっている状態として問題視されたためである。管理者である地元自治体のウェブサイトには、政府が発出した緊急事態宣言を根拠に市立公園の遊具の使用を禁止するというアナウンスが掲げられ、公園のブランコやすべり台には立入禁止の黄色いテープが貼られた。

私の自宅の近所では、公園から締め出された子どもたちは住宅地内の道路で遊び始めた。しかし、近隣の住宅と騒音を巡る苦情のやり取りがあったり、サッカーボールがカーポートに飛び込む事故があったりして、やがて子どもたちは道路からも追い払われた。

その後に賑わったのは、近くを流れる川の河川敷の草むらであった。川幅三〇メートル程度のコンクリート護岸に挟まれた小さな川なのだが、ところどころ、河川敷に下りられる階段が設置されている。一級河川に指定されているため河川敷は国の管轄であるが、そのエリアは自治体が管理を担当している。そのためもあってか、この河川敷はコロナ禍以前から、公園では許されない火を使ったバーベキューなども黙認される、ゆるい解放区のような趣がある場所である。川岸は周囲の土地よりも低いところにあるため、周りの住宅から見えにくく気兼ねが少ないという空間的特徴もある。このような場所があったことは近隣に住む私たちにとって救いだった。走り回る子どもたちやレジャーシートを広げた家族連れが河川敷に居るのは、なんだかほっとする風景であった。

住宅地内の街区公園

こうした出来事は、住宅地における公園の意味についてあらためて考える機会となった。そのひとつは、公園はそこにあり続けることが重要だということである。普段あまり使われず、無駄な空間のように見えていても、そのような場所が必要な機会が訪れることがある。近年、避難場所や備蓄倉庫など防災機能を備えた公園も増えているが、学校が閉鎖されて子どもたちが溢れるという状況は予想できない事態だった。街区公園はそれを受け止めたのである。

一方でまた、公園はあくまで制度によって運用されるものであり、行政の意向によって使用が禁止されたりする公共施設な

感染防止対策として立入禁止のテープが貼られ、遊具が使用できなくなった

のだということもあらためて明らかになった。街区公園は街区全域の人々を受け入れるには小さかったのである。公園が賑わいを呈したために行政によって利用が禁止されたのは皮肉であった。

世界中の人々に大きな影響を与えたコロナ禍も少しずつ過去のものとなり、街の風景のなかにあの時代の名残を見つけることも少なくなった。公園の黄色いテープは跡形もない。心なしか、コロナ以前よりも多くの住民が街区公園を利用しているようにも見える。もしかするとあのステイホームの時期に、忘れられかけていた街区公園の存在に多くの住民が気づいたのかもしれない。

河川敷が遊び場になった

屋上の公園、MIYASHITA PARK（渋谷区立宮下公園）

屋上という気候

建物を緑化する事例が増えているが、植物は建物の上に自然に生えるわけではない。屋上には屋上という気候への工夫がある。

立体都市公園の風景

MIYASHITA《ミヤシタ》 PARK《パーク》（渋谷区立宮下公園）は、東京都心の渋谷駅近くの線路沿いに立地する公園である。芝生の広場や運動施設、カフェなどが配された都会的な雰囲気をもった公園で、駅に近いという立地もあって、二〇二〇年に現在の形でオープンして以来多くの若い人たちが訪れ、芝生に寝そべったりして憩う姿がよく見られる。

この公園は、建物の屋上や人工地盤にも公園が設置できるように定められた「立体都市

公園」という制度を活用してつくられたものだ。ショップやホテルと一体となった、地上四階の高さにある公園の様子は開園前から話題を呼んでいた。もっとも、この制度が適用された公園は宮下公園が初めてではなく、駅舎の上部と丘を接続した横浜市のアメリカ山公園（二〇一二年）や、首都高速道路のジャンクションの屋根に設けられた目黒天空公園（東京都目黒区、二〇一三年）などの事例もすでにあった。また、今回の建て替え以前の宮下公園も駐車場の上の人工地盤に一九六六年につくられた公園で、東京初の空中公園として知られて

線路と道路に挟まれた立地にある宮下公園。「立体都市公園」制度を活用してつくられた

いた。ただ「空中公園」とはいえ、敷地には中低木が生い茂り、ところどころに植えられたケヤキが高く育っていてそれほど「空中感」はなく、土手の上につくられた公園の地下に駐車場があるような雰囲気だった記憶がある。

その頃の様子と比べると、現在の宮下公園の空中ぶりは際立っている。公園を支える三階建ての商業施設が目立つからだろう。宮下公園の建て替えは官民連携によって、民間の資金を利用して実施されたものである。公園の建設と維持の仕組みが、街路に面したガラスのファサードやホテルのタワーの形となって見えているというわけだ。地上からは階段やエスカレーターやエレベーターで四階に上がっていくことができる。公園にたどり着くために階段を登るのはなかなか不思議な感覚である。

この公園が屋上にあることのよさもある。地上四階の高さは周囲の建物の高さに対しても肩を並べていて、陽当たりもよく、街への眺望も効いている。公園に登り着いたときの開けた明るい雰囲気は屋上ならではだ。ここは線路と道路に挟まれた細長い敷地だが、屋上にあることで電車や自動車の騒音も軽減されている。この高さを利用して道路をまたぐ立体交差のような構造をしており、車道に分断されず連続した広さが確保されている。

屋上という砂漠気候

一方で、建物の屋上は植栽にとっては厳しい環境である。植物が生育するためには少なくとも水と光と土が必要だ。屋上では日光は豊富にあることが多いが、土が不足することが多い。土は重いので、土をあまり厚くすると建物の構造への負担が大きくなる。しかし、土が薄いと保水できず、すぐに乾いてしまう。日当たりがよく、風が強く、土が浅く乾燥していて、温度の変化も大きい。建物の屋上は海岸の岩場のような環境である。植物が人の都合に合わせて無理をしてくれることはないので、屋上を緑にするためにはいろいろな工夫が必要だ。

まずは、屋上の環境に強い植物を選んで植えることである。乾燥に強く、暑さや寒さにも強く、陽当たりを好むような植物、つまり海岸の岩場に生えるような植物である。たとえば、オリーブやローズマリー、タイムなどのハーブ類は南欧や北アフリカの地中海性気候の地域が原産地であり、乾燥に強く陽光を好む植物が多い。最近よく目にするようになったオーストラリア原産のいわゆるオージープランツなども、温暖で乾燥した環境の出身が多い。建物の屋上につくられるガーデンにこういう乾いた感じの植物がよく植えられるのは、意匠もさることながら、屋上の環境に耐える植物が選ばれているためでもある。

また、たいていの屋上緑化には灌水設備が設置されている。人工地盤の植栽地で、樹木や草花の根元にプラスチックのホースが敷いてあるのを見たことがないだろうか。そのホースは水道につながっていて、定期的に水が染み出して滴下する仕組みになっている。灌水設備が土を湿らせることで、屋上の浅く乾いた土で

ショップやホテルと一体となった、地上四階の高さにある公園

も植物が生育できる。そのような工夫によって、屋上の緑は実現している。

植物にとって屋上は砂漠である。私たちは建物によってまず乾いた場所をつくり、植物を生やしたいところにだけ水やりをする。砂漠のなかに人工的にオアシスをつくるようなものだ。このような方法で、乾いた場所と湿った場所を分けるのは、屋上に限らない。私たちは、道路や建物は乾いた状態にしておき、植物が欲しいところだけ湿った地面を囲んで残している。都市に住むことは屋上に住むようなものだ。

宮下公園（に限らず屋上に設けられた公園や庭園）を歩き、公園を覆いつつあるつる植物を眺め、芝生に座ったりする機会があれば、灌水ホースやスプリンクラーにも目を向けて、頑張っている植物やそれを支える環境設備にも思いを馳せてみてほしい。屋上の植物は私たちが暮らす都市の環境をやや極端な形で先取りして見せてくれているのである。

植物を支える屋上の灌水ホース

芝生と植栽

第2章

公園の記号と性能

バンクーバー、バンデューセン植物園。
設置者の「オススメの場所」に置かれたベンチ

みんなの公園、わたしのベンチ

公園らしい装置としてベンチがある。屋外にありながら建物の内部の特徴ももったベンチはときに「排除の装置」にもなるが、個人が公共空間に関与する媒体にもなる。

小さな公共

公園らしい風景をつくる重要な要素のひとつとしてベンチがある。ベンチはそれがあるだけでその場所が公園のように見えるたぐいの装置だ。理屈としては「ベンチがないと公園ではない」というわけではない。しかし、実際には多くの公園にベンチが設置されている。ちょっとした空き地でもそこにベンチが置かれると小さな公園のように見える、ベンチにはそんな力がある。

ベンチが公園のイメージを代表する装置であるのはなぜだろうか。まず、ベンチが示す役割がある。ベンチは人が腰掛けて休むために置かれることを、私たちは知っている。ベンチが置かれているということは、そこに座ってしばらく留まることが許されている場所だということである。都市では、コーヒー代を支払ってカフェにでも入らない限り、腰を下ろしてじっとしていても咎められない場所は少ない。公園はそのような貴重な「留まることができる場所」である。ベンチはそのことを示す。

また、多くのベンチは複数の人が座るようにつくられている。これもベンチを公園的に見せる特徴のひとつだろう。私たちはグループでやってきて、座面を譲り合って一緒に座る。仲間と時間や空間を共有するためにベンチは使われる。もちろんひとりでベンチに座ることも可能だが、その場合は見知らぬ他人がやってきて隣に腰掛けるのを拒むことはできない。ベンチは他人との共有を促し、そこには小さな公共空間が出現する。その形状が「共有・公共」を示す装置として、ベンチは公園に相応しい。

さらに、ベンチが置かれる場所はそれなりによい環境であると予想できる。ベンチを設置する側の思惑を想像してみれば、わざわざ居心地の悪い場所や危険な場所にベンチを置くことは考えにくい。木陰で涼しいとか、静かだとか、そこからの眺めが素晴らしいといったような、座り心地のいい場所が選ばれてベンチは置かれているだろう。むろん心地よさの感じかたは人それぞれだが、少なくともそこが設置者の「オススメの場所」であると受け取ることはできる。このように、ベンチは公園をつくる人と使う人のコミュニケーションの媒体でもあるのだ。

わたしのベンチ

背もたれや肘掛けの有無や素材の違いなど、ベンチにはさまざまなデザインのバリエーションがあるが、共通する基本的な形状の特徴は「座面が平坦で水平であり、地面よりも高いところに固定されている」ということである。地面から浮いた水平面は、土や芝生の地面の上では目立つ存在だ。ベンチを利用すればお尻を土で汚さずに公園で座っていることができる。この特徴は、建物の床と同じである。前に私は公園のカフェのデッキテラスを「都市の人工的空間と緑地の自然的空間」を「ゆるやかにつなげ」るものだと述べたが、ベンチもまた同じようなものだと考えられる。ベンチは都市の内部（人工的空間）と外部（自然的環境）の境界をつくっている。いわゆる「排除系」と称される、ベンチで横になったり長居をしたりしにくくするための突起や仕切りは、都市の内部と外部の境界線にあらわれた棘のある柵のようなものだと見なすこともできるだろう。

ときにそのような攻撃的な装置の様子を帯びることもあるが、先述した「つくる人と使う人のコミュニケーションの媒体」として、公園のベンチを使う側の人がつくる側に貢献できる仕組みの事例がある。お金を払ってベンチを公園に寄付する、いわばベンチのオーナー制度である。アメリカ・ニューヨークのセントラルパークで一九八六年から行われて

「排除系ベンチ」と称される例

いる「アダプト・ア・ベンチ（Adopt-A-Bench）」というプログラムが広く知られている。ベンチの寄付者になると、任意のメッセージを刻印した金属プレートがベンチに取り付けられ、寄付者の思いをそこに刻み残すことができる。お金は公園の維持管理に使われる。公共の施設に個人が自分ごととして関わることができる、なかなかよくできた制度である。ひと口あたり一万ドル（二〇二三年六月時点）と、決して安くない金額ながら、セントラル・パークにある一万基以上のベンチのうち七〇〇〇基のベンチにすでに寄付者がいるという。

日本の公園にもこのアイデアは取り入れられている。たとえば東京都が二〇〇三年から実施している「思い出ベンチ事業」がある。募集されている公園に寄付を申し込むと、寄付者の名前とメッセージを刻んだ金属プレートが取り付けられたベンチが設置される。こちらは一基一五万〜

多摩ニュータウン（東京都八王子市、町田市、多摩市、稲城市）

二〇万円である（二〇二四年度）。木製のベンチの背もたれ部分に取り付けられたプレートは決して目立つ記念碑ではない。しかし、公園を散歩してふと腰掛けたベンチに「この公園を愛した祖母の思い出を記念して」や「結婚五〇周年を感謝して」といったプレートを見つけると、胸を打たれる。ここに腰掛けてこの景色を眺めながらひと休みした見知らぬ人の思い出に、私も連なっているように思えてくる。ベンチにはそんな力がある。

（上）ニューヨーク、セントラル・パークのAdopt-A-Bench
（下）東京都「思い出ベンチ事業」によるベンチ（東京都立野川公園）

東京都立野川公園（調布市、小金井市、三鷹市）

大阪府池田市満寿美公園。埋められたトイレの起伏を上る

トイレの矛盾と形

公園に設置される施設に公共トイレがある。必要でありながら敬遠されるという矛盾を含んだ施設だが、挑戦的なプロジェクトもいくつか見られる。

公園が引き受けるトイレ

多くの公園に設置されている公園ならではの施設がある。たとえば樹林や花壇などの緑、子どもたちの遊び場、ベンチや水飲みなどの休憩施設、球技ができる運動場、飼い犬を遊ばせるドッグランといったものだ。これらは必要なものだが、あくまでも都市の活動を支え補完するものである。端的に言えばお金を生みにくい。そこで、自治体などが公共施設として整備することになる。かつて、そういう場所は街や住宅地に入り混じって存在していたものだが、都市化の進行に伴ってキャッチボールをしたり犬を放して遊ばせたりできる空き地は消え、雑木林は消えてしまった。都市からいわば追い出されたこれらのアクティビティを支える場所として期待されるのが公園である。公園は都市が担いきれない無駄や隙間を引き受ける場所なのだ。

公園が引き受けている施設のひとつに公共トイレがある。私たちにとってトイレは切実に必要なものであり、なくすことはできない。しかし、公共トイレはなかなか一筋縄ではいかない、矛盾を抱え込んだものでもある。公共トイレは必要なときにすぐに用を足すべく、目につきやすくわかりやすい場所にあってほしい。しかし、トイレの行為はとてもプライベートなものであり、周囲からは厳重に遮蔽され防備される必要がある。また、公共トイレはどんな人でも隔てなく使えるように、行きやすく使いやすい施設であることが望ましいが、できれば自宅のそばにあってほしくないものだ。多くの人が利用するものであればなおさらである。身近にあって欲しいが疎ましい。

言うまでもなくトイレは排泄する場所である。生物としての私たちは食物を通して栄養を摂取し、不要物を排出して生きている。それは自然なことだが、私たちは排泄物を不潔で汚いものと見なし、すぐに消し去るように工夫している。人の排泄物に対するこのような感覚は、決して古いものではない。かつて農村では、便所の中身は溜められて肥料として農地に投入された。都市でも、江戸時代には便所の中身は「下肥」と呼ばれ、田畑に撒くために農家が買い取っていたことが知られている。農地を介して人々の食と排泄は循環する物質系のなかにあった。しかし、都市が巨大化するとともにこの関係の維持は難しくなり、汚水を介した伝染病の流行などの災害が発生するようになった。また、化学肥料が普及することで下肥の価値もなくなった。現在、ほとんどの都市では下水道が整備され、汚水は処理場で集中的に処理される。私たちの排泄物は水に流され、地下の下水道といういわば都市の裏側に追いやられる。トイレは、都市の裏側に向けて開けられた穴である。

好ましい公共トイレへの挑戦

この矛盾への挑戦としては、公共トイレを好ましい様子にデザインするという方法が考えられる。日本財団などによる「THE TOKYO TOILET」プロジェクトは、そのような趣旨の事業である。二〇二〇年から二〇二三年にかけて、東京都渋谷区内に一七か所の公共トイレが建設された。それぞれのトイレは著名な建築家やデザイナーによるデザインが施され、「暗い、汚い、臭い、怖い」というイメージを払拭した「誰もが快適に使用できる公共トイレ」が目指された。

半数以上のトイレは公園内にある。この事業は単に建

「西参道公衆トイレ」(設計／藤本壮介氏)

「幡ヶ谷公衆トイレ」(設計／マイルス・ペニントン氏、東京大学DLXデザインラボ)

設するだけでなく、清掃などの維持管理が組み込まれ、常にきれいな状態が保たれていることにも特徴がある。多くのトイレが白色か、それに近い明るい色に塗られているのが印象的である。清潔感が増すからだろうか。白い色はトイレの衛生陶器を思わせる。新しく快適なトイレの建物は、高性能化するトイレ機器の延長のようにも見える。それぞれのトイレに造形や意匠の工夫が見られて興味深い。渋谷の公園を歩きながらトイレ巡りをするのも面白いのではないだろうか。

一方、建築物としてのトイレを美しく機能的にデザインすることでトイレを変えるという方法とは少し異なるアプローチで設計された公園があらわれた。二〇二二年四月に開園した大阪府池田市の満寿美公園だ。建築家・京都大学助教の岩瀬諒子氏と日建設計によるデザインで、住宅街に整備された街区公園である。ゆるい土盛りが公園を囲むように造形され、構造物による障壁をなくしながらゆるやかな領域をつくっていて、トイレはその起伏に埋められている。個室はコンクリートの空間だが、天窓が煙突のように伸びていて、内部は天井が高

「七号通り公園トイレ」(設計/佐藤カズー氏)

「代々木八幡公衆トイレ」(設計/伊東豊雄氏)

満寿美公園のトイレ。天井が高い

く、明るい洞窟にでも居るような趣だ。トイレのほかにもベンチやパーゴラ、オムツ替えなどのための子育て支援施設が分散して配置され、公園全体をひとつの施設にしている。地元では人気の公園で、いつも親子連れで賑わう。土の起伏を利用したスライド以外には遊具がまったくないのだが、子どもたちは地形を駆け上ったり滑り降りたりしてよく遊んでいる。満寿美公園の芝生の山はおそらく、最も楽しまれているトイレだろう。遊具のありかたも含めて、公園における公共トイレにはまださまざまな可能性があるなと思わずにはいられない。

芝生の土盛りの下にトイレがある

NO SMOKING
公園内禁煙
この公園は受動喫煙防止のため禁煙です。

危険と思われる蜂《はち》などが
エサを取りにたびたび現れています。
ご注意ください。
巣については、定期的に調査処理しております。
調布市　緑と公園課

おねがい
野球《やきゅう》・ゴルフ・サッカー等は
みんなのめいわく！やめましょう
世田谷区

落ち枝に注意
ナラ枯れ病で枯れた枝が
落ちやすくなっています。
頭上に注意してください。

緑道内《りょくどうない》では次《つぎ》のことを守《まも》りましょう
バイク等の乗り入れは、禁止します。
中野区
犬《いぬ》を園内《えんない》に入れないでください
中野区

飼い犬が他人に与えた損害は
飼い主の責任になります
民事責任
ダックスフントを散歩中に犬が突然走り出したため、リードが手から放れてランニング中の人が転倒し、手首の骨が折れて後遺障害が残った事案について、1284万円の高額損害賠償を認めた。
（大阪地方裁判所平成30年3月23日判決）
刑事責任
公園でランニングしていた大学生に、放されていたドーベルマンが咬みつき、全治2週間のケガを負わせた。犬を散歩させていた飼い主は「重過失傷害」の罪で、懲役8ヶ月、執行猶予3年の有罪判決を受けた。＜東京地裁；平成24年6月＞
他の来園者に危害を与えないよう、
飼い犬には必ずリードをつけ放さないでください
都立野川公園サービスセンター
0422-31-6457

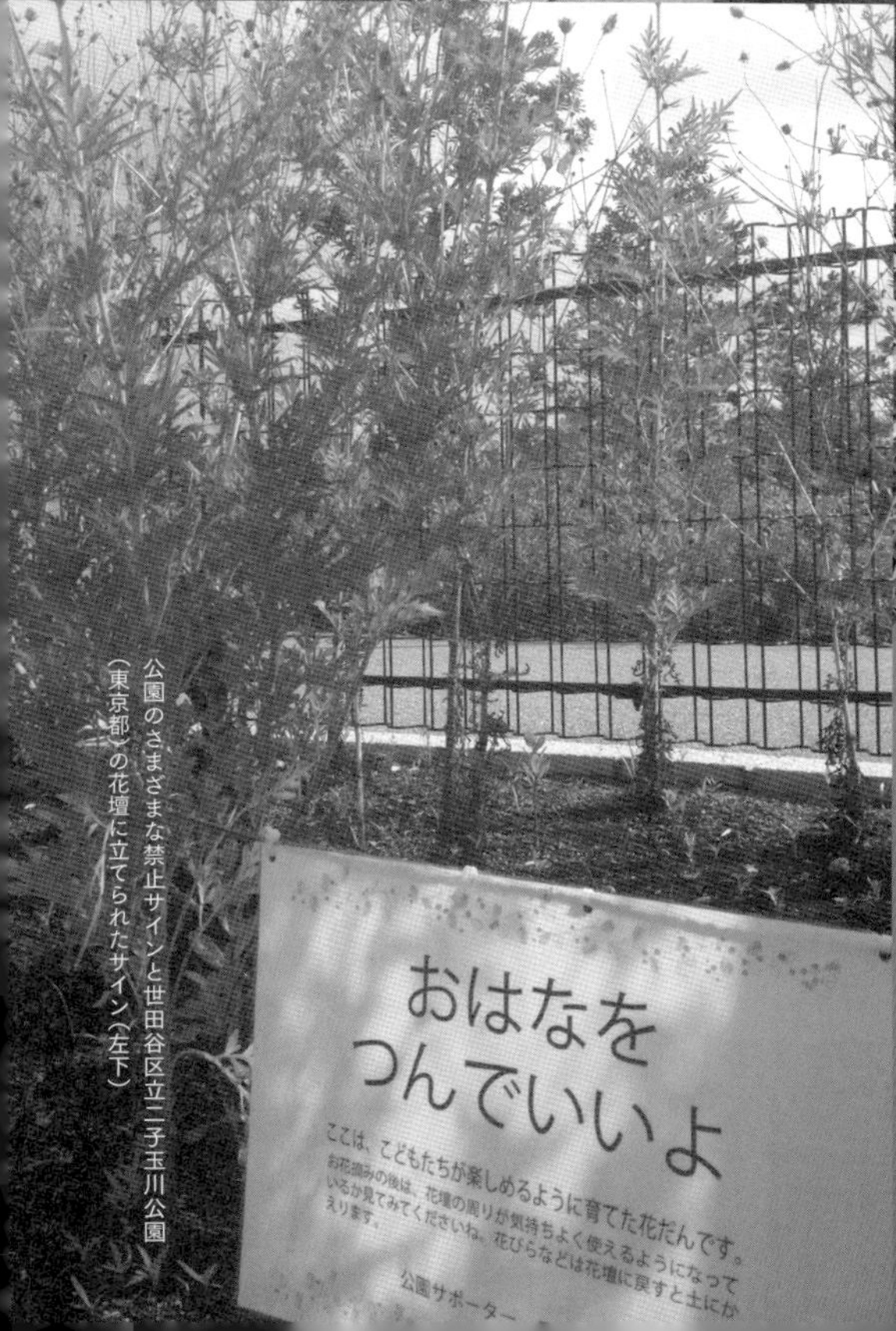

公園のさまざまな禁止サインと世田谷区立二子玉川公園（東京都）の花壇に立てられたサイン（左下）

禁止サインから禁止しないサインへ

公園を特徴づけるもののひとつに、いわゆる「禁止サイン」がある。公園一つひとつに個別にいろいろな行為を禁止するサインが立てられているのは憂鬱な風景だが、それにはそれなりの背景があり、最近ではそれを乗り越えようとする努力も見られる。公園の禁止サインについて考える。

禁止サインの風景

公園にはさまざまなサインが設置されている。入り口にはまず公園の名称を示す看板が、規模の大きな都市公園ではその近くに園内の配置図が掲げられていることもある。園路の分かれ道には公園の出入り口への方向や、トイレや事務所などの所在を示す道標が立てられている。

いろいろなサインのなかでも、特に目立つのはいわゆる「禁止サイン」だろう。多くの公園には、してはいけないことが列挙されたサインが立てられている。私の自宅近く、住宅地の街区公園では(写真)、ボール遊び、バイク等の乗り入れ、花火、粗大ゴミの投げ捨て、犬の放し飼いが禁止されている。「夜間は静かに」は禁止ではないが、公園の使いかたを規定するものだ。このような常設サインのほかにも、張り紙や仮設の看板が立てられることもある。こうした禁止サインはいわゆる「お役所仕事」の悪い面が露呈した風景としてメディアに取り上げられ、揶揄されたりもする。

なぜ公園には禁止サインが出現するのだろうか。公園の禁止サインの特徴のひとつは、禁止されるのが特定の行為だということである。たとえば「遊び」にはさまざまなものがありうるが、この写真のサインでは「ボール遊び」や「花火」だけが禁止されている。公園では、ある行為は許され、ある行為は禁止されるのである。これは特定の行為が絶対的に悪いからではなく、異なる行為の競合が起きるからだ。公園でのボール遊びは悪くないが、幼児を遊ばせたりベンチや芝生で休憩したりする利用者にとっては、飛び交うボールは妨げとなる。

そもそも公園に多様な行為があらわれるのは、都市に多様な行為を受け入れる余地がないからだろう。かつては空き地や道路などが受け入れていただろうボール遊びや犬の放し飼いや花火をする

この公園で禁止される「遊び」など

隙間は今日の都市にはない。そこで、それらは公園に持ち込まれる。しかし、受け止めきれない種類の行為もあるため、どれか特定の行為、たいていは広い面積を必要とする行為が禁止の標的になる。

公園の禁止サインの特徴のもうひとつは、禁止事項に「この公園では」という但し書きがついていることである。つまり、このルールはすべての公園に共通するものではなく、あくまでも特殊な個別ルールだということだ。これは、公園という施設の根源に関わる問題である。基本的に公園では何をしてもいいのである。たとえば都市公園法には公園の有すべき性能や仕様は書いてあるが、公園が何をするところかは書かれていない。何をしてもいい場所であるために、行為の禁止は運用上の個別のルールになる。「公園では何をしてもいいのですが、この公園ではボール遊びは禁止です」というわけだ。公園の禁止事項はすべて「ローカル・ルール」であり、だから公園ごとに掲げられる必要がある。これが、公園にいちいち禁止サインが立てられる理由である。

長井海の手公園ソレイユの丘(神奈川県横須賀市)

禁止サインのない公園へ

とはいえ、やはり公園に行くたびに禁止のメッセージを眺めるのは気持ちのよいものではない。禁止サインのない公園はどのように可能だろうか。

近年つくられた公園では、サインのデザインにも注意が払われている例が見られる。禁止サインがなくなるわけではないが、サインの形を好ましいものにすることで公園の印象はずいぶん違うものになる。してはいけないことを列挙せずに、望ましいこと、やっていいことを明示するポジティブなサインをつくることも考えられる。長井海の手公園ソレイユの丘（神奈川県横須賀市）では、ハンディキャップのある子どもも一緒に遊べる「インクルーシブ遊具」のサインが設けられている。設計者によれば、今後も禁止サインではなく前向きな語りかけを目指すという。

長井海の手公園ソレイユの丘、インクルーシブ遊具のところにあるサイン

禁止サインを本当になくすためには、禁止サインが存在する理由をつくる状況そのものを変える必要があるだろう。禁止サインは、公園を提供する側と公園を利用する側が分かれていて、それぞれの思惑がずれているとき、つまり提供者と利用者の間の意思疎通がないところに出現するものだと考えられる。私たちは自分ひとりが使う部屋に禁止サインを立てたりはしないが、それはつくる人が同時に使う人だからである。不

特定多数の人が使う公園でつくる人と使う人を完全に一致させるのは難しいが、少なくともお互いの考えを思いやって理解し合うことができれば、禁止サインを掲げる理由はかなり減るはずだ。

冒頭左下の写真は、以前、東京都世田谷区の二子玉川公園の花壇に立てられていたサインである。二子玉川公園は公園の設計段階から周辺住民が参加するワークショップを繰り返し、開園後も市民が「公園サポーター」として維持管理に積極的に加わっている公園である。「おはなをつんでいいよ」は、禁止サインを見慣れた目にはとても新鮮で感動すら覚えるメッセージだ。公園サポーターという管理者でもあり利用者でもあるグループの存在が、自治体と市民をつなげている事例である。

「自分の責任で自由に遊ぶ」と看板を掲げている烏山プレーパーク（東京都世田谷区）

品川区立大崎西口公園の「わかりやすくない」遊具（東京都）

遊具という象徴

子どものための遊具は公園を象徴する装置である。遊具がひと目でそれとわかるようにデザインされていることによって、私たちはそこが子どもが遊んでいい場所であることを了解する。しかしわかりやすいデザインは使いかたを規定するものでもある。

わかりやすい遊具

公園と聞いて多くの人が思い起こすものは「遊具」ではないだろうか。

遊具とは子どもが遊ぶためにデザインされた施設や装置のことである。ブランコやすべり台などが典型だ。前にも書いたように、近年、子どもの遊び場は公園を独占するものではなくなり、多くの公園で子どものための遊具が「健康遊具」と呼ばれる大人も使う健康器具に置き換えられたりしているし、公園そのものも多様化していて、ひと括りに

はできない。

　それでも、遊具のもつ記号性はいまだに強力である。これも前に記したように、かつて、「ブランコ、すべり台、砂場」が公園の「三種の神器」と呼ばれていたことがあった。これらがそろっていれば公園を名乗ることができるというわけである。今日、遊具の権威は「神器」ほどではなくなったが、それでもたとえばビルに挟まれた空き地や鉄道の高架下などの街の隙間のような空間に遊具がひとつ置かれているだけでそこは小さな公園に見える。池と芝生と樹林が組み合わさったオープンスペースの片隅に遊具が置かれていると「庭園」ではなく「公園」に見えてくる。もちろん公園にはベンチやテーブルや水飲みなどといった、遊具以外のさまざまな装置や施設も多く用いられているが、そのなかでも遊具は特に公園のイメージを強く帯びているように感じられる。

　子育ての経験、あるいは幼児と一緒に街へ出かけた経験をおもちのかたには通じる感覚だと思うが、ひと目でそれとわかる「遊具のある公園」の存在は子連れにとっては救いの場所である。遊具があればそこで子どもを遊ばせ、大人はベンチの傍ら

記号としての遊具

にベビーカーを置いて休憩することができる。子連れの実感としては、遊具のある公園から得ることは子どもが楽しく遊ぶ機会もさることながら、安全地帯に入ってひと休みすることの安心感のほうが大きいように思う。この場所では子どもが走り回ったり大声を出したりしても「許されている」という感覚である。つまり、わかりやすい形状の遊具があることによって「公然と遊ぶ場所」であることが示される、それが子連れにとっての遊具の意味なのである。

わかりにくい遊具

だが、子どもがそこで遊ぶことが「許される」かどうかを気にするのは子どもではなく大人のほうだ。実際、公園の遊具に夢中になって遊ぶような年齢の子どもたちは、どこでも何を使っても遊ぶ。子どもたちにとっては、手の込んだデザインでつくられた遊具がなくても、雑草の生えた斜面があればいいように見える。また、子どもたちはしばしば、遊具を設計されたようには使わない。ブランコやすべり台はユーザーの耐久テストのごときいろいろな使われかたをする。子どもたちが遊具に対して見せる創造性と工夫は驚くべきものがある。さらに、子どもたちは遊具と遊具以外の施設や装置の区別をしない。子どもたちはフェンスによじ登り、道路に落書きをし、廃材で秘密基地をつくる。

それらを矯正するのが大人である。私たち大人は、子どもたちがフェンスに登って遊ぶことをたしなめる。子どもたちは何度も叱られるうちに、遊具とそれ以外のものを区別する社会ルールを学び、デザインされた遊具の意味どおりに使うようになってゆく。その延長に私たちの遊具に対する感覚がある。遊具が遊具に見えることで安心するのは私たち大人の感覚だということだ。もちろん、施設や装置の意味や機能をわかりやすくデザインすることは大切なことである。しかし、意味や機能を形にして強調することは、その使いかたを限定することでもある。

わかりやすくない遊具の一例として、スペインのエスコフェ社という屋外ファニチャーメーカーの製品がある。同社の「ランドスケープ・ファニチャー」のカタログには、ベンチにも遊具にも彫刻にも見えるようなコンクリート製の物体に「PETRA」や「TWIG」「SLOPE」などという名前がつけられて並んでいて、見ているだけで楽しい。以前、機会があってエスコフェ社の「SLOPE」という製品を公開空地に設置したことがある。そこは

自由な使いかたができる遊具（品川区立大崎西口公園）

集合住宅と商業施設とオフィスビルが隣接する敷地で、「子どものための遊具が欲しいが、オフィスワーカーも休憩できるように、いかにも児童公園のようにはしたくない」という要望に答えるべく選んだものだった。この製品も何とも定義しにくい形状をしていて、座るのか寝るのか遊ぶのかは使う人の解釈に委ねられている。実際に、それは子どもにも大人にも思い思いの使われかたをしていて、なかなかいい眺めである。

公園の遊具をめぐる議論でしばしば挙げられるものに、札幌市の大通公園にある「ブラック・スライド・マントラ」がある。このイサム・ノグチの作品は、大人には「アート」に見えてしまうと言われるが、私たち家族もまさにそのような体験をした。作品の少し手前で立ち止まってしまった私を置き去りにして、子どもたちは何のためらいもなく走って行き、よじ登って滑り降りて遊んだ。イサム・ノグチの問いかけに合格したのは子どもたちのほうである。

ブラック・スライド・マントラ（札幌市大通公園）

第3章 自然との対峙

洗足池公園の大きな水面（東京都大田区）

オープンスペースとしての水面

広い水面をもった公園がある。
水面は広場ではないが、
芝生や樹林とはまた違ったオープンスペースをつくっている。

公園の水面

都市のなかで開けた空間をつくる要素のひとつが水である。

水はとても身近な物質である。私たちは日常生活のなかで頻繁に水に触れている。私たちは水を飲んだり水で食物を調理したりして体に水を取り入れるし、身体を含むさまざまなものを水で洗って水に流す。体重の半分ほどは水だと言われている。私たちは、水によって生かされている。水はまた、惑星規模のスケールの環境をつくっている。表面の三

分の二が水に覆われている地球は「水の惑星」である。水の惑星を太陽からの光が温める。水は蒸散して大気中に雲をつくり、雨となって地面に降ってくる。地面を流れる水は集まって川をなし、そしてまた海に注ぐ。形を変えながら流れ続ける水の循環のなかに私たちの生活はある。

氷河や氷山などのように固体として存在している場合を除けば、水はそれ自体が造形するものではないが、地形と組み合わさることで独特な景観をつくる。たとえば湖や池の水面の広がりである。東京の都市公園のなかには、大きな水面をもったものがいくつもある。江戸時代に大名庭園であった場所につくられた公園にはしばしば池がある。有栖川宮記念公園、旧芝離宮恩賜公園（ともに港区）、小石川後楽園、六義園（ともに文京区）などの公園はいずれも大名屋敷の敷地が公園に転用されたものだが、敷地内にあった日本庭園の池の形が現在も受け継がれている。また、洗足池公園（大田区）や井の頭恩賜公園（武蔵野市）のように、武蔵野台地の湧き水が池をつくっている公園もある。

水面の公園

大きな池をもった公園は、公園の中心に水面があり、その周囲に植栽地や芝生があったり、池の周りを巡る散策路がある配置が多い。当然ながら池には木々も生えていないし、土の山も建物もない。周囲に深い樹林があっても、池の部分はぽっかりと明るく開けていて、まさにオープンスペースをなしている。人は水の上に居ることができないので、岸辺を歩いたり腰掛けたりする。人々が池のほうを向いて休んでいる光景は、広場を囲むベン

洗足池公園の池とベンチ

チから芝生地を眺めている様子に似ている。そう思って見れば、池に浮かぶボートは芝生に点々と置かれたレジャーシートや簡易テントのように見えてくる。

もともと修景や親水のためにつくられたわけではない水面が公園として活用されるケースもある。一九七八年に開園した東京港野鳥公園（大田区）は、東京湾岸の大井埠頭につくられた面積三六ヘクタールの海浜公園だが、埋立地にできた大きな水たまりに野鳥が飛来するようになり、保全を要望する市民運動を経て公園化されたものだ。勝手にできた水面が大きなビオトープとなり、そこに公園が後からつくられたのである。また、埼玉県越谷市のレイクタウン湖畔の森公園や、千葉県柏市の柏の葉アクアテラスなどのように、土木施設である洪水調整池が修景・親水空間として整備された例もある。私が勤務する慶應義塾大学の湘南藤沢キャンパスでも、キャンパスのなかほどにある洪水調整池が修景池にもなっている。

水が映すもの

水の有無は風景を大きく変えることがある。水田地帯では、田植えの時期に田に水が張られるとまるで大きな湖が出現したような光景を呈する。河川が増水したり、干潮によって海岸が後退したり遠浅の浜があらわれたりしても風景は一変する。河川や海は視覚的なオープンスペースである。日本の都市は公園が少ないと言われるが、日本の多くの都市は海岸に近い低地に発達していて海や河川が近い。水面を広場だと見なせば、ずいぶん広いオープンスペースを有しているとも言える。

水はそれ自体の色や形よりも、周囲の環境をさまざまに映すことで風景となっている。静かな水面は地面に置いた鏡のように空の色

（上）洪水調整池（神奈川県藤沢市・慶應義塾大学湘南藤沢キャンパス）
（下）水が張られた水田風景（千葉県南房総市）

を映し出す。また、水面は少しの風にもさざ波を立てて、空気の動きを見せてくれる。水は環境の状態を景観に変換する媒体である。

澄んだ水が青く見えるのは、水中で赤や黄色の光が吸収され、青い光が散乱するためだと言われている。さらに水面が空の青さを反射するため、多くの人は水は青いという印象をもっているだろう。市販のクレヨンや絵の具のセットのなかの「水色」は薄い青色である。

しかし、実際の水面は天候や季節や時刻によってさまざまな色に変化する。私の研究室では、京都府宇治市およびアーバンデザインセンター宇治との協同で、地元の子ども向けに風景のなかの色を採集してクレヨンをつくるというワークショップを実施しているのだが、子どもたちが採集してくる「水の色」の多様さに毎回驚いている。あたりまえのことだが水は「水色」ではない。そもそも水色が薄い青色だという観念が固定的な思い込みなのである。水の多様さは私たちの固定観念にさざなみを立て、もう一度風景を子どもの眼で眺める契機を与えてくれる。

空の色を映し出す水面

都立小宮公園の雑木林（東京都八王子市）

雑木林の風景

「原風景」という言葉で語られることもある雑木林だが、
これが愛でられるようになったのはそれほど古いことではない。
また、雑木林は原生の自然ではなく、
あくまで人の手が入った人為的な風景でもある。

雑木林というスタイル

先日、あるマンションの販売広告に「この土地の原風景である武蔵野の雑木林をイメージした庭」という一文を見かけた。株立ちの落葉樹を自然風に植栽した「雑木林スタイル」とでも呼ぶべき庭園デザインは、緑の量が多く竣工時の初期完成度も高いため、建築の外構によく用いられる。東京近郊のマンション広告では「武蔵野の雑木林」はよくある売り文句である。

京王プラザホテルの前庭（東京都新宿区）。奥行きのある豊かな緑

しかし、雑木林を「原風景」と呼ぶのはやや乱暴かもしれない。日本で雑木が庭園樹として好まれるようになったのはそれほど昔のことではない。一九二〇年代に、造園家の飯田十基《じゅうき》（一八九〇～一九七七）や大胡《おおご》隆治（一八九四～？）らが伝統的な日本庭園の様式に対して、より自然な樹形の木々を用いた作庭を始めたのが雑木の庭の端緒とされている。飯田十基らの作庭に先んじて、二〇世紀初頭に文学や絵画において武蔵野や軽井沢の雑木林の美が発見され、モチーフとして描かれていたという背景があり、そこには欧米文化との接触が影響を与えたという指摘がある。つまり、ほんの一〇〇年前まで、雑木は庭に植えて愛でるものではなかったのである。雑木林の美しさはまず文学者や画家によって言葉や絵で表現され、やがて若手の造園家の手によって実践されて広まった、新奇でモダンな風景美だった。私たちが美しいと感じる風景は時代によって変化するものだが、雑木林は比較的新しい風景美なのである。

東京の都心につくられた公共的な雑木の庭としては、たとえば東京・新宿の京王プラザホテルの前庭（京王プラザホテル四号街路空間雑木林プロムナード）がある。深谷光軌《こうき》（一九二六～一九九七）という造園家のデザインによるもので、自然石を用いた立体的な造形の庭にコナラやモミジなどが巧みに配され、奥行きのある豊かな緑をつくっている。完成から四〇年以上が経ち、木々は大きく成長して、しっとりと落ち着いた庭になっている。最近のマンションの庭などに使われる「雑木林スタイル」は、これよりはもっと華やかにアレンジされたデザインである。まばらに植えられた葉の明るい株立ちの落葉樹の足元に、多様な種類の花や葉が鮮やかに彩る低木や草花が混植され、全体にふわっとした自然な印象を抱かせるように工夫されていることが多い。このようなスタイルの植栽は、建築の周囲やテラスや屋上を飾る緑として広く用いられている。

群馬県高崎市近郊で椎茸栽培のほだ木を生産する雑木林。里山の雑木林の「原型」が見られる

人と自然の関係の風景

雑木の庭が参照した武蔵野の雑木林はもともと、燃料や肥料を得るための薪炭林として農村集落の周囲に維持されてきた植生である。クヌギやコナラなどの落葉樹林では定期的に落ち葉かきや柴刈り（小さな雑木や枝を刈り集める）が行われ、また一五年から三〇年ほど

の周期で薪や炭にするための立木の伐採が繰り返された。伐採されたコナラの切り株からは複数の枝が生え伸びて樹木が再生される。株立ちはそのようにしてできた樹形である。そのような手入れが継続することで明るい雑木林が保たれてきた。

日本の多くの地域の気候では、樹林を自然に任せて放っておくと常緑樹の多い鬱蒼とした森林へと遷移することが知られている。雑木林はいわばその遷移を人の手で止めている状態だ。その土地から持続的に資源を得るために工夫された、人為と自然の回復力とのバランスで成り立つ関係があらわれている風景なのである。いわゆる「里山の雑木林」はこのような植生を指す。里山は近年、生物多様性の観点からもその価値が見直されて保全の対象にもなっている。農地と雑木林を含む谷戸地形を公園化して保全する事業も行われている。

造園学者の岡島直方氏は、人の手で管理されていた農村の雑木林には「既に庭としての性質が入り込んでいた」といい、そのような「人間と自然が交互に関わりを持った景色」が主題となったという点において、雑木の庭は

慶應義塾大学湘南藤沢キャンパス「森の喫煙所」（神奈川県藤沢市）

「庭園史上、モチーフとしてさらに特徴的であるといえる」と述べている。人為的な生産の風景が、人為ゆえに人が親しみやすい自然美として再発見されたというわけだ。

私の勤め先の大学キャンパスには、雑木林のなかに建てられた「森の喫煙所」と名付けられた施設があった。建築家・慶應義塾大学准教授の松川昌平氏と松川研究室の学生チームが中心となって設計・施工したもので、既存の樹木を避けつつ、樹林と一体となるような格子状の木造喫煙所がつくられた。二〇二〇年に建てられ、四年後に学内の事情で解体されたのだが、喫煙者ではない私も時折ここに立ち寄って林の景色を楽しんでいた。喫煙所には階段が設けられていて、二階の高さに上ることができた。雑木林の味わいかたとして、林のなかで立体的に歩き回るのはなかなか新鮮であった。

雑木林は、そのなかに入り込んで木々に囲まれるという、芝生や花壇とは異なる緑の経験をもたらしてくれる。周囲の騒音や風が木々に遮られるため、林のなかは穏やかで静かだ。公園を訪れる人々も、雑木林に入るとあまり騒いだりせずに、静かに林間を歩くようだ。緑に覆われた夏もいいが、私は木漏れ日の明るい、襲いかかってくる蚊のいない冬の雑木林で、乾いた落ち葉を踏みしめながら歩くのが好きである。

落ち葉を踏みしめながら歩く

大学キャンパスに立つケヤキの傍らに座る学生たち（神奈川県藤沢市）

樹木がもたらすもの

**他に何もない芝生の広がりよりも、
木陰をつくる樹木が立っているほうが安心できる風景になる。
それは樹木がもたらす快適な空間だけではなく、
樹木が生きてきた時間の厚みを感じることで、
私たちがその風景を信頼するからではないだろうか。**

木の傍らへ

たとえば公園へピクニックに出かけ、レジャーシートを広げて座るとき、どんな場所を選ぶだろうか。まずは土が露出した地面は避け、芝生に覆われたところを選ぶだろう。湿っておらず、乾いた平坦なところが望ましい。地面は柔らかすぎても固すぎても座りにくい。刈られた芝生はほどよい固さを提供してくれる。多少の傾斜は構わないが、あまりに急斜面だと座りにくい。人が通る通路のすぐ脇は避けたい。明るい場所が好ましいが、季

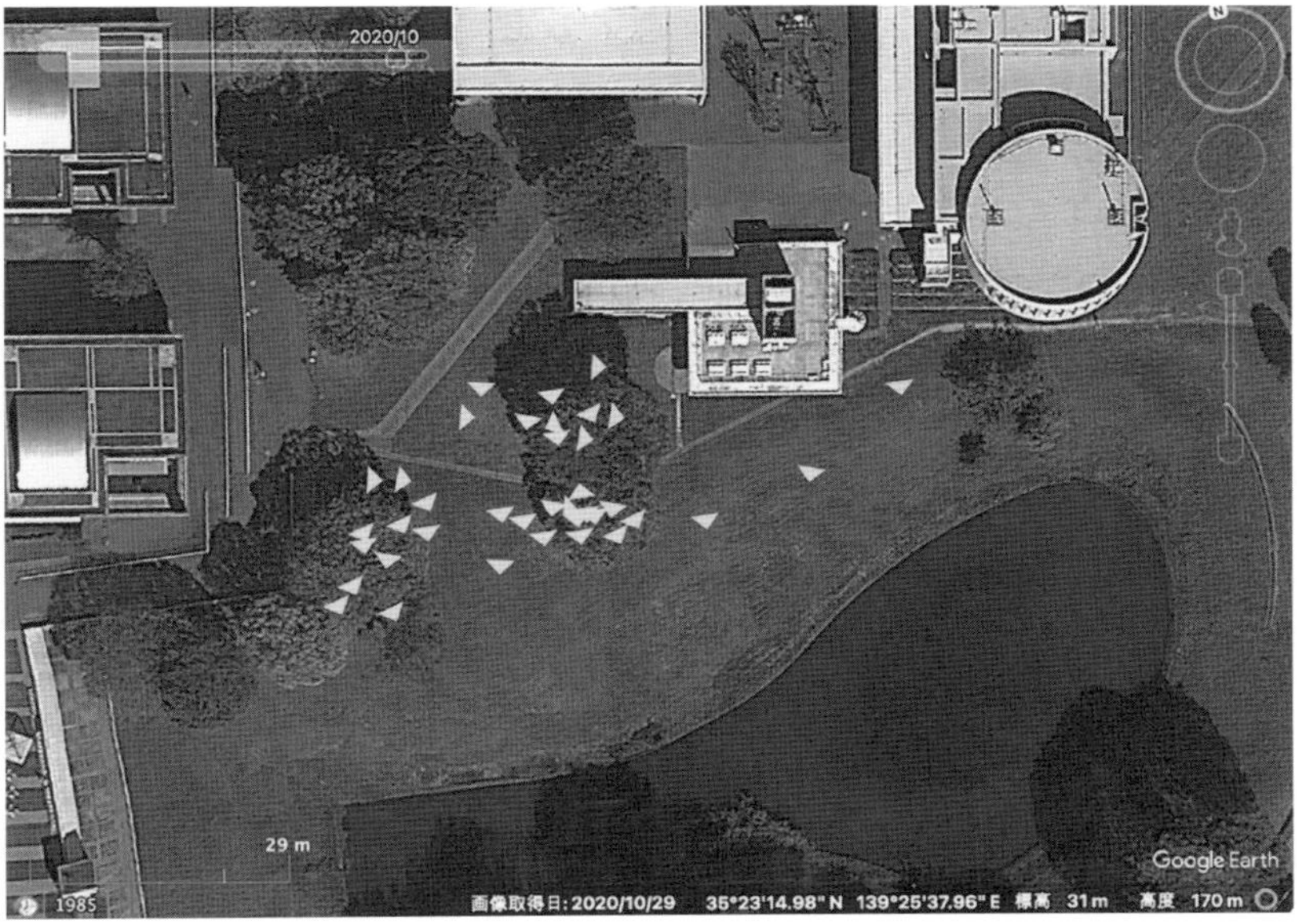

学生が選んだ「居心地よく座ることができる場所」。三角形は身体の向きを表す

節によってはあまりに日当たりがよいと暑いかもしれない。

芝生のなかに樹木が立っていたらどうだろう。樹木の傍らまで歩いて行って、木陰に座るだろうか。あるいは樹木を避けて芝生の中央に陣取るだろうか。もし、樹木の傍らに座ることを選ぶのならば、あなたは公園利用者の多数派に属している。公園の「静的レクリエーション」と呼ばれる、散歩や休憩などの利用において、芝生に座って場所を専有する利用者の約八〇パーセントは開けた芝生と樹林との境界部分を選ぶことが知られている。つまり多くの人は樹木に寄り添って座るのである。また、樹木に対しては、樹冠（樹木上部の枝が広がった部分）の先端に対して、その高さの約一・五倍の距離をとって腰を下ろすことが多く、樹木の影に対しては、影の先端部、陽の照っている部分と影との境界領域を占有する割合が最も高いことが観察されている。つまり、芝生と樹木がある公園では、樹木の近くの木陰のエッジのあたりが最も多くの人が好むスポットなのである。

勤務先の大学キャンパスの高木が点在するエリアで学生を相手にささやかな実験をしてみたことがあるが、その結果もこの研究結果を裏付けるものだった。五〇名ほどの学生に対して、居心地よく座っていられる場所を選んで報告してもらったところ、多くの学生が樹木の周りを選んでいた。

樹木が示すこと

なぜ私たちは樹木の傍らを心地よく感じるのだろうか。もちろん季節にもよるが、まずは樹木がつくる木陰の快適さがあるだろう。枝や葉は人工的な屋根よりも柔らかく日を遮って、木漏れ日のある影をつくる。落葉樹であれば、夏は木陰をつくり、秋冬には葉が落ちて根元まで日が当たるようになる。幹が直立し、枝葉が高く伸びて根元に木陰空間ができる樹種は「緑陰樹」と呼ばれる。ニレ科のケヤキやエノキなどが代表的でよく用いられるが、サクラなどの花木も緑陰樹になる。もちろん、緑陰樹は快適な木陰をつくるためにそんな樹形をしているわけではなく、より高く広く枝葉を広げて光合成するために進化した形態を人間が利用しているだけなのだが。

また、大きな樹木には「時間の厚み」があり、それが私たちを惹きつけているようにも思う。言うまでもなく樹木が大きく成長するためには時間がかかる。種子から育ったケヤキが木陰をつくるようになるまでには数十年の時間が必要だ。逆に言えば、私たちは大きな樹木を眺めるとき、そこに数十年の時間を感じ取ってしまう。巨大な樹木は、その樹木が発芽して大きくなるまでの時間が形になってあらわれている。植物が育つには、それなりの環境が前提となる。つまり、大きな樹木がそこにあることは、数十年（場合によっては数百年）の間、そこには植物が生育することができる良好な環境があり続けてきたということだ。さらに、数十年続いてきた良好な環境は、これからも当分続くんじゃないかと

樹木の下に人が集う場所（神奈川県藤沢市）

いう未来の環境への期待も生む。新しく建設される施設に、すでに大きく育った樹木を植えることには、このような意味もあると考えられる。その敷地の環境のよさを、過去や未来に拡張して演出するのである。大きな樹木を買うことは、その樹木が育ってきた数十年の時間を買うことにほかならない。

このような「時間の厚み」によって、大きな樹木はその周囲の環境とともに、いわば頼りになる、信頼に足る風景を顕出するのではないだろうか。

以前、設計を担当したインドネシア・ジャカルタ市のプロジェクトで、オフィスビルと店舗に囲まれた都市広場に木を植えたことがある。広場の四隅に立つシンボルとして私たちが選んだのは、フィカス・ベンジャミナという熱帯性のクワ科の高木だった。建設当時は高さ五メートルほどでやや頼りない様子だったが、植栽してから二十数年を経て、現在では四本とも高さ一五メートルを超える大きさに成長している。雄大な樹冠が広がり、気根が垂れ下がって、神々しいくらいの巨樹である。木陰は休憩するオフィスワーカーでいつも賑わっている。巨樹はそれ自体が持続的な環境を示唆する存在である。つまり「ずっとそこにあった」かのような景色を呈する。私たちが大きな木に身を寄せるのはそのためかもしれない。

(上)植えたばかりのフィカス・ベンジャミナ(ジャカルタ、プラザ・スナヤン、一九九八年)

(下)巨樹に育ったフィカス・ベンジャミナ(同、二〇一七年)

ガーデンズ・バイ・ザ・ベイ（シンガポール）、
スーパーツリー・グローブ

表層の自然

異なる気候帯の風景は、普段目にしている「自然」について再考する契機をもたらしてくれる。久しぶりに訪れた熱帯雨林気候の都市で、人工的な構造物を緑化することの意味についてあらためて考えた。

植物がもたらす異国情緒

どこか遠くに旅行したときなどに、その土地に生えている木々や草花の見慣れない様子に驚くことがある。植物は自然環境に依存しているため、地域の気候が端的にあらわれる。冷涼な地域と温暖な地域では生えるものや生えかたがずいぶん違う。植物の種類や育ちかたがわかるにはある程度の慣れが必要だが、森や野原の植物相の違いに気づくようになれば旅の味わいも一段と増すだろう。旅先の見慣れない風景は、自らの地元の風景の固有さに気づく契機でもある。

植物相の違いは、人が植物をどのように育てるかという維持管理の違いのあらわれでもある。たとえば乾燥地帯では芝を生やしておくためにスプリンクラーで常に散水し続ける必要がある。そうしないと芝は枯れて砂漠に戻ってしまう。対して日本列島の大部分のように温暖で湿潤な気候地帯では、芝生の管理の手を抜くと雑草が生え伸び始め、やがて背の高い藪になって人が入り込めなくなってしまう。このような環境では草刈りが管理の基本となる。どちらの方法も、それぞれに異なる気候のなかで望ましい緑のありかたを求める人の営みと環境との関係があらわれたものだ。植栽の有様には地域の気候が特徴となってあらわれ、同時

ガーデンズ・バイ・ザ・ベイの温室
「クラウド・フォレスト」を歩く

にその地域の人々に望まれている風景も垣間見える。そんなことを観察するのも旅先の楽しみのひとつだ。

二〇二三年の夏に、シンガポールの植栽を見る機会があった。ほぼ赤道直下に位置するシンガポールは熱帯雨林気候帯に分類される高温多湿の環境である。年間を通じて気温と湿度が高く雨が多い。冒頭の写真は中心市街地に近い埋立地につくられた国立公園「ガーデンズ・バイ・ザ・ベイ(Gardens by the Bay)」の一部である。この公園は「シンガポール植物園」「ジュロンレイクガーデン」などと並びシンガポール政府が推進する、国を挙げた環境政策「シティ・イン・ア・ガーデン」を象徴する施設のひとつだ。巨大なガラス温室や、スーパーツリー・グローブと名付けられたモニュメントなどがよく知られている。オープンから一〇年を経た現在でもこの国の代表的な観光地として多くの来訪者がある。

スーパーツリー・グローブは文字どおり巨大な樹木を模した構造物(スーパーツリー)が林立する(グローブ)もので、それぞれは円筒形のコンクリート柱の周囲に鉄製のパイプが添えられて樹冠を広げたような形状につくられている。完成当初はさまざまなメディアで紹介され、その大きさと異様な造形に度肝を抜かれたものだったが、このたび遅まきながら訪れてみて、当時とは少し違った印象を抱いた。

着生植物の自然風景

スーパーツリーの表面には、灌水パイプが張り巡らされた薄い植栽基盤にさまざまな植物が植えられ固定されている。日本でもよく見かける壁面緑化と同じ手法だが、生えている植物がじつに生き生きとして見えるのである。生えているのはシダ類やポトス、アナナス、ブーゲンビレアやランなど、いわゆる熱帯植物である。どれも葉につやがあり樹形や花に勢いがあって、いかにも元気に育っている。これらは日本では観葉植物として屋内の鉢植えに使われる種類だが、ここでは屋外でつややかに繁茂している。

旺盛に生育する植物には人工的な素材や装飾とは違うレベルの濃厚な現実感がある。ものすごく「本物」の「自然」に見えるということだ。この、植物のもつ力がスーパーツリーの外観の印象を複雑にしているように思えた。言うなれば奇をてらった巨大な構造物なのだが、表面は生命力溢れる緑が覆っている。少し離れて見るとスペクタクルな造形が目に入ってくるが、近寄って眺めると植物の生き生きした様子に圧倒されて全体の奇抜さを忘れてしまう。そんな二重の風景を見るような不思議な感覚を抱いた。

この壁面の植物の生命を支えているのは熱帯雨林気候の環境である。もちろん手間をかけた維持管理がその質を保っていることもあるだろうが、植物の成長と繁茂を早め、人工物の表層を「自然化」するのはシンガポールの高温多湿な気候だ。植えられている植物のいくつかは、もともと樹木に固着して生活する着生植物と呼ばれる種類である。他の公園や緑地では、自然の樹木の幹や枝からシダなどが垂れ下がっているのを

旺盛に生育する植物

よく見かける。それを目にすると、スーパーツリーの植栽もそれなりに理にかなった熱帯らしいものに思えてくる。着生植物は樹木から水や栄養を得ているわけではなく、基盤として利用しているだけである。樹木の葉は根や幹や枝とひと続きで一体をなしているが、着生植物は構造体を借りているだけで、樹木の理屈とは関係なく生えている。その性質を利用することで、スーパーツリーという「巨大な枯れ木」に花を咲かせることができる。

樹木に固着する着生植物

考えてみれば、多くの建築物の「緑化」はそのようなものだ。植物にとって建築物は単に固着する基盤でしかない。スーパーツリーの風景は、人工的に緑化する行為の意味をわかりやすく極端に具現化して見せてくれているのだろう。

クラウド・フォレストにそびえる
高さ三五メートルの「山」

第4章

公園のなかの造形

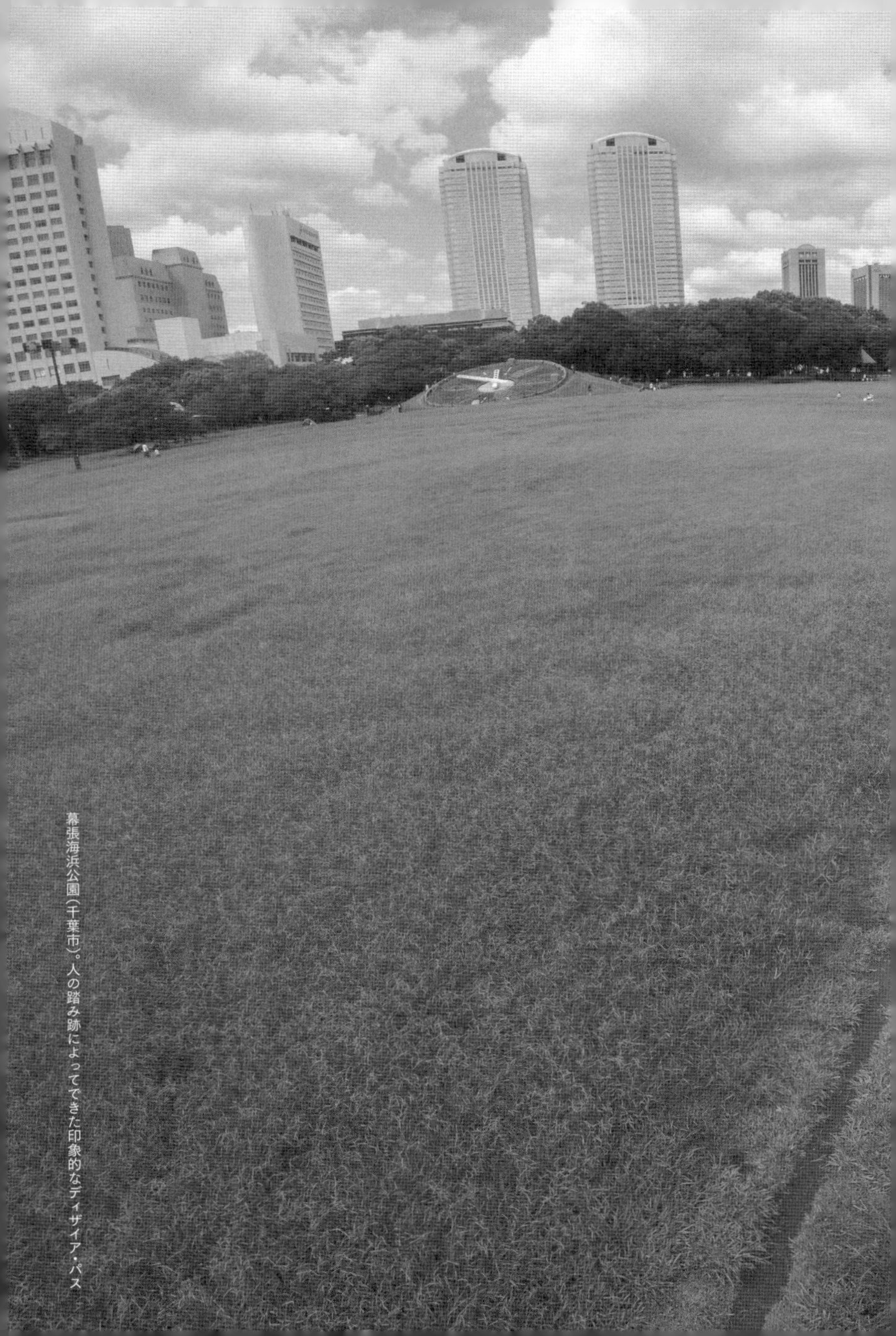

幕張海浜公園（千葉市）。人の踏み跡によってできた印象的なディザイア・パス

「欲の細道」ディザイア・パスの風景

施設としての道の隙間に、
人の行為による現象としての道ができることがある。
それは道の始まりでもあり、道が生きている風景でもある。

僕の後ろにできる道

「僕の前に道はない／僕の後ろに道は出來る」と詠んだのは詩人・彫刻家の高村光太郎（一八八三〜一九五六）である。もちろんこの「道」は比喩的な表現だが、実空間における人の身体と道の関係を想像しても、この詩の描き出す風景はなかなか興味深い。

街を歩くときに私たちが「道」を意識することはあまりない。普段の私たちにとって道はあらかじめつくられた、固い舗装が連続する空間のことだ。そこに私の足跡は残らないし、私が歩くまでもなく道はすでにできている。

都市部で、歩くことで出現する道を目撃するのはたとえば雪が降り積もった冬の朝だ。北国にお住まいのかたには積雪なんて日常の続きだろうが、私の住む東京圏では多くの人は雪に対する備えがほとんどなく、みな危なっかしく歩いて道をつくっていく。雪道では自分の歩くコースを意識せずにはおれない。

雪道の足跡は雪が溶けると消えてしまうが、舗装されていない草原や樹林地などに人の踏み跡が細い道をつくっていることがあり、「けもの道」などと呼ばれる。公園の芝生広場や施設の出入り口の近くなどによくあらわれる。そこを横切ることで近道になるルートや、急な階段を避けて斜面を迂回するルートだったりもする。いずれも、計画的に建設された道ではなく、人がそこを踏み歩くことで芝が剥げたり土が固められて道のようになったものだ。英語では「ディザイア・パス（desire path）」や「ディザイア・ライン（desire line）」と呼ばれる。無理に直訳すると「欲望の経路」または「欲の細道」だろうか。いささか奇妙な表現だが、人がその欲するところに

雪が降り積もった冬の朝に出現する道

従った行為の結果であることをうまく言い当てている。

公園などの公共施設のディザイア・パスの出現は設計の不備として揶揄や批判の対象となることもあるが、考えようによっては現実世界からの貴重なフィードバックである。アメリカの大学などでは、ディザイア・パスを積極的に利用したデザインが実施されることがある。キャンパスの中庭を芝生にしておき、しばらく学生に自由に歩かせた後に踏み跡を歩経路として舗装する「アダプティブ・ランドスケープ（adaptive landscape）」などと呼ばれる方法である。複雑な線形になることが多いが、歩行者の欲求に合わせた歩きやすい経路となり、芝生に踏み込む人も減るために管理者にも優しい空間になる。

生きている道

公園を巡っていると、魅力的なディザイア・

アメリカ、南イリノイ大学キャンパスのアダプティブ・ランドスケープ

パスと出会うことがある。私の個人的なお気に入りのひとつは、京都御苑で見られるものだ。御苑の幅広い通路には一面に細かい砂利が敷かれているが、地元の市民がここを自転車で通過するため、人の踏み跡よりも細い微妙なカーブを描いた轍ができる。地元ではよく知られた光景で、観光案内で「御所の細道」などと呼ばれて紹介されることもある。定期的な維持管理によって砂利が均されて消えても、ほぼ同じ場所に復活するらしい。利用者の行為としてあらわれている「現象としての道」である。

他にもお気に入りはいくつかあるが、もうひとつ挙げるなら冒頭の写真、千葉市の幕張海浜公園である。ここは一九八七年に開園した、幕張メッセや千葉マリンスタジアム、ベイタウン幕張などを含む幕張新都心の中心に位置する県立公園である。公園の中央に広い芝生広場があり、地域の住民によく利用されている。そこに印象的なディザイア・パスがある。明らかに計画されたものではない、人の踏み跡によってできた細い土の道が芝生を横切っている。地面は凹凸なくほぼ平坦だが、ディザイア・パスはゆるく左右に振れる曲線を描きながら駅方向と住宅地をつないでいる。

「御所の細道」（京都御苑）

この有機的な道からは、これまで通ってきた人の気配、踏圧と芝のせめぎ合い、樹木や地面の状態など、環境のさまざまな要素と応答しながらその形状がチューニングされてきた様子が伝わってくる。私がこの道を初めて目撃してから二〇年以上経つが、興味深いのはこれが管理者によって舗装されて正式な道に施設化されるわけでもなく、かといって芝生管理のために通行が妨げられるでもなく、そのままにされていることだ。二〇年以上にわたって黙認されている野生の道である。

二〇二三年の九月、本稿を書くにあたってあらためて見に行ったのだが、相変わらず多くの人がこの道をためらいなく歩いていた。

ディザイア・パスは、計画・管理する提供者側と、それを享受する利用者側とのいわば隙間に生じた形である。京都御苑や幕張海浜公園のようにそれを「生かしておく」余裕があるというのは、とても豊かな風景であると思う。それはなかなか制度化しにくいバランスのうえにあらわれている。京都市民の自転車力が下がっても、千葉県が公園管理を少し厳しくしても、ディザイア・パスは消えてしまうだろう。少しでもこの幕張の「欲の細道」が長く存続する願いを込めて、何度か往復して踏み固めてきたところだ。

幕張の「欲の細道」（幕張海浜公園）

函館、八幡坂のイルミネーション

光の風景

冬になるとあらわれる光の風景は、
見慣れた街や街路や広場とは異なる景色を描き出す。
LEDの光を通して街を見つめ直してみる。

冬の風物詩

冬になると、日本の街のあちこちにはモミノキやドイットウヒなどの針葉樹が出現する。クリスマスツリーである。クリスマスは元来、イエス・キリストの生誕を記念し祝うキリスト教会の祭事であり、それ自体とモミノキとは関係がない。冬に常緑樹を飾る習慣は古代ゲルマン民族の樹木信仰に由来すると言われている。ヨーロッパにキリスト教が普及するにつれてその祭事が教会に取り入れられたようだ。アメリカには一八世紀半ばに伝わったという。キリスト教の歴史に比べると、クリスマスにツリーを飾る習慣はそれほど古いものではないのである。しかし今日、クリスマスツリーは世界中で飾られている。キリスト教人口が少ない日本でも、クリスマスツリーは冬の風物詩のひとつとして普及している。最近、日本の商業施設ではオリーブやハーブ類などの地中海風の植栽が流行しているが、クリスマスが近づくとそれらの植物に並んで北ヨーロッパ風の針葉樹が立てられて風景が一変する。多くのクリスマスツリーは、豆電球があしらわれ、夜には数々の光の粒に覆われる。この、ツリーを覆う電飾も冬の風物詩である。クリスマスにだけ出現する針葉樹の森も興味深いが、今回は光の風景について考えてみたい。

街の広場や通りに設けられる「イルミネーション」は、いつからか日本の冬の風物詩となった。光源には豆電球、最近ではLEDが用いられ、公園の木々や街路の並木などが飾られる。芝生広場の地面に撒いたように設置されたり、噴水や四阿《あずまや》などの構造物が飾られることもある。個人住宅の前庭にさまざまな色の電飾が施されることもある。住宅のイルミネーション

恵比寿ガーデンプレイス（東京都渋谷区）のウィンターイルミネーション

マンションが見せる色の光のモザイク模様

は東日本大震災以降の節電の動きのなかで下火となったが、最近はまた復活しつつあるようだ。イルミネーションの特徴のひとつは冬期に限定の仮設物であることだが、これはクリスマスツリーに由来するためだろう。私たちはなぜか、こうした小さな光が集まってキラキラした風景を美しく感じる心情をもっている。世界中でクリスマスツリーが愛でられていることを思えば、これは人間に普遍的なものなのかもしれない。人がこんなメンタリティをいつ獲得したのかわからないが、昔からホタルが群れて飛ぶ様子や夜空に広がる星空は愛でていただろうと考えられる。人工的な照明がなかった時代には、それらの「自然のイルミネーション」は現在私たちが見るよりも遥かに強烈に輝いていたのではないかと思われる。

夜景とイルミネーション

光の風景は、意外なものを浮かび上がらせることもある。たとえば都市の範囲である。夜、飛行機の窓から見下ろすと、市街地から離れた田舎の道路が明るく照らされていて驚くことがある。ショッピングモールの敷地では建物の屋上よりも駐車場のほうが明るく照明されているために、夜景は昼間と反転した風景に見える。スタジアムや橋や鉄道の駅、湾岸のコンビナートや製鉄工場は昼間のように照らされているが、川や海などの水面は暗く沈み、緑地や山林の暗闇と区別がつかない。夜、明かりで照らされるところは「人が意図的に明るくしたい範囲」である。それが強く可視化されるため、夜景は昼間の風景よりもわかりやすく都市の範囲と輪郭を描き出す。夜景は建築物のキャラクターを浮かび上がらせもする。オフィスビルの窓には一様に揃った色の光が並んでいるが、集合住宅は一つひとつの部屋の明かりが異なるため、立面がさまざまな色の光のモザイク模様になる。高層マンションは昼よりも夜のほうが人が住む建物の表情を見せるように思う。

同じ夜の光の風景でも、都市の夜景とイルミネーショ

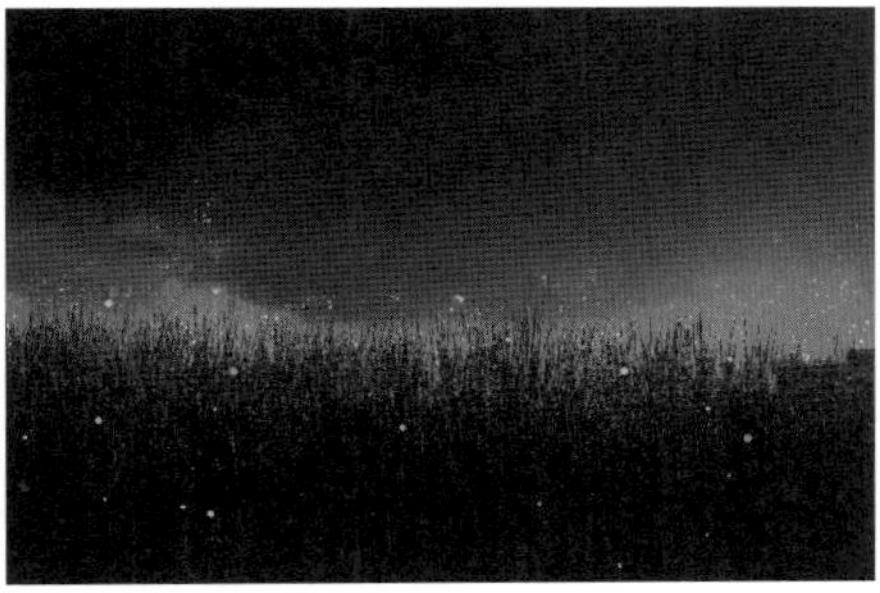

草原に群れて飛ぶホタル

ンは異なる。夜景は「眺めるもの」だ。ネットで「夜景の名所」や「夜景鑑賞」などと検索すると、都市の夜景を眺めるスポットがいくつもヒットするが、ほとんどは高層ビルや展望台などの上からの街の見下ろしや、海に出た船からの眺めである。これらはいずれも都市から出て、外から都市を眺める視点である。つまり、都市の夜景の美しさは外部や上空からの眺望であるということだ。それと比べると、イルミネーションは光のなかへ入ってゆき、光に包まれるという経験をもたらす。私たちは光に包まれながらそこを移動することで風景を眺める。ビジネスデザイナーの岩嵜博論氏は、構築物のライトアップや花火が「ランドマーク的」であるのに対し、イルミネーションは光のエリアをつくるという点で「ランドスケープ的」であると指摘した。

イルミネーションの光に囲まれるとき、私たちは何となく無口になってゆっくりと歩くような気がする。花火を見るとき私たちはわりと大騒ぎするが、イルミネーションではなぜか静かに歩く。樹木や芝生に敷設されたＬＥＤの光は、都市にかき消されたホタルや星空とは違う質の光だが、これはこれで今日の私たちの詩を生む風物ではある。

賑わいを誘う花火

ゴルフコースだった野川公園（東京都調布市・三鷹市・小金井市）

田園風景の子孫たち

芝生の広場を樹林帯が囲むという都市公園の標準的な形式には原型となる庭園様式があり、それは一八世紀のイギリスにまで遡る。また、それと祖先を同じくするものにゴルフコースがある。公園にはゴルフコースとの意外な「互換性」がある。

公園のモデル

アメリカ、ニューヨーク市の中心にあるセントラル・パークは、近代ランドスケープを象徴する公園である。一八五九年に開園した三四一ヘクタールの都市公園は、コンペによって選ばれたフレデリック・ロー・オルムステッド（一八二二～一九〇三）とカルヴァート・ヴォークス（一八二四～一八九五）の設計によるものであった。この広大な公園の構想・建設のために必要な、植栽技術から土木技術、交通計画まで、従来の専門家の枠を超えた範囲をカバーする新しい職能として「ランドスケープ・アーキテクト」という言葉がオルムステッドらによって使われた。セントラル・パークは世界で初めてのランドスケープ・アーキテクトによる仕事だったのである。

セントラル・パークは「グリーンスウォード（Greensward、緑の芝生）」というイギリス風景式庭園の流れをくむデザインが施された。イギリス風景式庭園は一八世紀のイギリスで発達した庭園様式であり、それ以前にヨーロッパで主流だったフランス式の幾何学的・直線的な形態を排し、なだらかな地形や樹林、水面などによって構成される自然な風景の美しさが追求された。ただし、その「自然」とは人の手が及ばない原生林ではなく、牧草地が広がるイギリスの田園風景のことであった。セントラル・パークは人工物で覆われた都市のなかに「都市ではない場所」を確保することで市民の生活や健康の向上に寄与することが目的であったが、選ばれたデザインはイギリスの田園風景にそのルーツがあるのだ。セントラル・パークの成功によって、芝生の広場を自然風の樹林が囲む形式は公園のひ

セントラル・パーク（ニューヨーク）。イギリス風景式庭園の流れをくむ

とつのモデルとなり、現在でも世界中でこの様式の公園がつくられている。

ゴルフコースの原風景

イギリスの田園風景をモデルにしてつくられている施設は公園だけではない。ゴルフコースがそれだ。言うまでもなくゴルフはルールのある球技であり、そのゲームのフィールドとしてゴルフコースがつくられる。ゴルフのプレイ経験があるかたなら思い当たるだろうが、ゴルフコースのデザインには独特の様式がある。奥行きのある起伏に富んだ芝生と、曲線を描いて続く道、芝生を縁取る自然な樹林帯、あちこちに配置される池や小川やバンカーなど。世界中のどこへ行っても、ゴルフコースのデザインはだいたい似ている。その土地の気候に応じて植物の違いなどはあるが、基本的な景観の構成は同じである。

ゴルフが現在のような競技として確立したのはイギリスのスコットランドであり、スコットランドの海岸にあるセント・アンドリュースの「オールドコース」は世界で最も古いゴルフコースとされ、現代でもゴルフコースのデザインの重要な参照先であり続けているという。ゴルフはもともとスコットランドの牧場での羊飼いたちの遊びから始まったという説もある。スコットランドの海岸の牧場がゴルフコースの「原風景」であることは確かなようだ。

ゴルフコースと公園

つまり、イギリスの田園風景の流れをくむ都市公園のデザインと、イギリスの牧場の空間構造が再現されたゴルフコースはいわば祖先が同じなのである。そう思って眺めれば、公園とゴルフコースは似ていないだろうか。実際に、かつてのゴルフコースが公園に転用され、イギリス風景式庭園風の素晴らしい公園になっている事例が東京近郊にいくつか存在する。

ひとつは、世田谷区の砧公園である。空中写真を眺めると、公園の西側、「ファミリーパーク」と呼ばれる部分に芝生と樹林のゴルフコースの痕跡が見える。ここは一九五五年に都営ゴルフ場として開設され、一九六六年に廃止されて芝生広場として開園した。

砧公園（東京都世田谷区）もゴルフコースが公園に転用された

クラブハウスは現在の世田谷美術館のレストラン棟のあたりにあったようだ。細長くゆったりと奥行きのある芝生と、それを囲む樹林はとても快適な空間をつくり出している。公園において、利用者は芝生の真ん中ではなく樹林の縁を好んで占拠するという調査があるが、ゴルフコースは期せずして長い樹林の縁を提供してくれるのである。

もうひとつは、調布市、三鷹市、小金井市にまたがる野川公園である（冒頭の写真）。もとは国際基督教大学（ICU）が所有するゴルフコースであったが、東京都によって公園用地として買収され、一九八〇年に開園した。こちらは最近までゴルフコースだったこともあってか、砧公園よりもさらにゴルフコースの輪郭がよくわかる。公園の入り口には管理事務所や休憩・展示施設などが入ったサービスセンターが、かつてのクラブハウスとほぼ同じ位置に建てられている。サービスセンターから公園に入ると、まさにクラブハウスからコースに出ていくような雰囲気で芝生が広がっている。なかなか面白い景観である。ここから、地図を見ながらゴルファーのつもりで公園を一巡してみるのも一興かもしれない。

セント・アンドリュースの「オールドコース」（スコットランド）

うめきた公園のゆるやかな地面の造形（大阪市北区）

公園の形

公園の形は、公園に求められる機能や安全性から必然的に決まるものもあれば、積極的に提案される「攻めたデザイン」の形もある。よくできた形は公園に強い力をもたらすことがある。

決まる形とつくる形

公園には、必然的に「決まる形」と、あえて「つくる形」とがある。

たとえば敷地の形状や地形に由来する公園全体の形などは必然的に決まる形である。機能や安全に関する形も必然的に決まることが多い。公園は不特定多数の利用者が想定されるため、遊具やベンチや手すりや階段などの施設は、充分な機能性、安全性、耐久性を備えている必要がある。それらの仕様は経験的に知られるものもあり、自治体によって基準

が定められているものもある。また、公共事業である公園では、限られた予算でも導入できるように安価であること、維持管理が容易であること、そして生産・供給が安定していて交換がしやすいことが求められる。こういう問題に応えやすいのが大量生産の既製品である。公園施設の既製品の性能や安全性はメーカーが保証しているし、多くの人が迷いなく使えるように、わかりやすい形につくられていることが多い。既製品のカタログから選べば間違いが少ない。全国の公園がしばしば似たような様子をしているのはこのためだ。

もちろん、すべての公園がお決まりの形や既製品だけでつくられているわけではない。わかりやすさが大切だとはいえ、あまりに使いかたが強く示されていると押しつけがましい様子になるし、わかりにくい形のほうが使う人から思わぬ行為を引き出すかもしれない。逆に、何らかの制約によってお決まりの素材や形が使えず、工夫を強いられることもあるだろう。機能性や安全性が優先される場合でも、そこには美しさや新しさへの提案が込められているものだ。その地域の固有の風景や物語が形に表現されることもある。たいていの公園の形はこのような「決まる形」と「つくる形」のせめぎ合いでできている。そこが公園のデザインの見どころでもある。

うめきた公園の形

大阪のうめきた公園は「つくる形」が目立つ公園のひとつである。梅田貨物駅跡地の再開発「グラングリーン大阪」の一部をなす都市公園で、二〇二四年にサウスパークと呼ばれる南側半分とノースパークの一部がオープンした。オフィスや集合住宅などの建物が周辺

に配置され、中央は樹林や芝生のある四・五ヘクタールの公園が占めているこの計画は建設前から注目を集めていた。もちろん、このスケールの開発はさまざまな事情や思惑が交錯したうえで下された判断によるものだろうが、公園を真ん中に置いた大規模開発がこんな都心にできたことは喜ばしい。

ここはすでに人気の場所であり、人々で賑わっている様子があちこちのメディアで紹介されている。賑わいの風景もさることながら、実際に公園に身を置いてみてまず感じるのは、地面の造形の力である。もと平坦な敷地に盛土が行われ、地面が造形されている。中央の広場

公園を真ん中に置いた再開発であり、地面の造形の力を感じる

はゆるいすり鉢状をなし、中心に石の水盤がある。水盤を半ば囲むように芝生と石の段々が設けられている。公園全体の広さからするとわずかな高低差だが、地面ではこの微地形がとても効いている。水盤の浅い水は風に波立ち空を映し、飛び込んだ子どもたちの水遊びの騒ぎも相まって、木々や草花とはまた異なる都心の「自然」を象徴するかのようだ。それを見下ろす芝生と石の段々は、幅が広いために座る人の密度が低く抑えられ、独りの居心地も悪くない。

広場を取り巻く大屋根や空中回廊も力強い造形を見せている。形や色や素材の選択、構造物のジョイント部分や排水の納まりや舗装の目地、植栽の樹種や配置まで、執拗で丁寧な検討が繰り返されたことが伝わってくる。特筆すべきは、これらの意匠が施設を目立たせるためではなく、地面の造形の脈絡に沿って、公園のランドスケープを支持すべく設えられているように見えることだ。

この公園の設計にあたっては、世界的に知られるランドスケープ事務所GGNがデザインリードという役割を担ったと

広場を取り巻く大屋根や空中回廊

細やかな舗装の目地の検討

いう。GGNが提示した造形が関係者の思いを強くまとめたという話を聞いたが、そうだとすると従来の日本の開発プロジェクトのなかでもなかなか稀有なケースだ。「つくる形」の勝利である。

参照される形

公園は建設と公開がゴールではなく、それはむしろスタート地点である。これからうめきた公園は多くの人に使われながら運営・育成・維持してゆく期間に入る。私が初めて訪れたのはオープン後数日のことだったが、すでに植栽地に人の踏み跡によるディザイア・パスができていた。今後も、公園のあちこちでさまざまな植栽や空間の「耐久テスト」が繰り返され、施設も植栽も人々の行動や環境の変化と折り合う形を探って、いわば「チューニング」されることになるだろう。

ただし、単にそのときに必要とされる修正を場当たり的に重ねても、それはこの広場の力を弱めてしまうように思う。チューニングには当初のコンセプトの参照が必要である。そのとき、コンセプトを最も端的に継承しているのはおそらく、この公園の造形そのものではないだろうか。

踏み跡がつくるディザイア・パス

第5章

公園の公共性

デンマンス・ガーデン（イングランド、ウェスト・サセックス州）。
個人庭だがカフェやショップも併設されている

Exit
Garden Café
Pay Desk
Lavatories
Office

「公」を担いうる「園」

個人の庭づくりが、都市の風景をつくることがある。
イギリスのいつどこの都市にいても、
たいていひとつやふたつは見つけられる
「オープンガーデン」は、
施設化された公園とは異なり、
個人的な営みがつくる公共の風景である。

資金を集める「庭づくりへの情熱」

イギリスに「ナショナル・ガーデン・スキーム（National Garden Scheme、以下NGS）」という団体がある。個人の住宅の庭を一時的に開放して来訪者に見せる、いわゆる「オープンガーデン」をイギリス広範の地域で実施している組織である。個人の庭をただ見せ合うだけが目的ではなく、来訪者に入園料を払ってもらい、それを集めて慈善団体に寄付するというチャリティ活動であることに特徴がある。

NGSは一九二七年にQueen's Nursing Instituteという在宅看護を支援する慈善団体への資金活動として設立された。始まりは、その慈善団体の評議委員のひとりが、イギリス国民の「庭づくりへの情熱」を資金集めに利用しようと思いついたことだったという。その年、呼びかけに応えて六〇九件の庭がオープンガーデンに参加し、八一九一ポンド（現在の価値にすると五五八〇万円程度）が集まった。NGSはその後も拡大しながら継続され、現在ではガートルード・ジーキル（一八四三〜一九三二）が二〇世紀初頭に手掛けた庭園からロンドンのタウンハウスの裏庭まで、規模もスタイルも時代も異なるさまざまな庭が登録されている。二〇二一年は三五四六の庭の参加があり、三三七万三〇〇〇ポンド（執筆時のレートで五億六一〇〇万円余）を集めたという。現在では在宅看護だけでなく、癌の末期療養や子どもの医療などへも寄付されている。

私の「園」を「公」につなぐ仕組み

NGSに参加したオーナーは少なくとも一年に一度のオープンが求められる。年に数日であればそれほど負担にはならないだろうし、むしろ定期的に来るオープン日のために丹精を込める庭づくりの強いモチベーションになる。これがチャリティであることの意味も大きいだろう。オーナーはNGSからの報告を通じて、私個人の庭づくりや

イエローブックと呼ばれる『NGSハンドブック』二〇二二年版

庭の鑑賞が全国的な事業に直接役立てられていることを知る。これは、単に自分の庭に没入しているだけでは得られない感覚ではないだろうか。

観光客の側から見てもNGSはよくできたシステムである。登録されている庭はウェブサイトやスマートフォンのアプリ、または書店で購入した冊子（イエローブックと呼ばれる）で検索できる。そこにはそれぞれの庭の情報として、大きさや特徴、ペットや車椅子の可否、お茶やお菓子の提供の有無などが書かれている。いつどこの都市にいて

庭園で使われている植物が訪問客向けに小売りされている。ティンティンハル・ガーデン（イングランド、サマセット州）

もたいていひとつやふたつはオープンガーデンを見つけることができる。春のよい季節のロンドンなどでは、個人の庭を鑑賞して回って一日を過ごすことも可能である。

オーナーの話を聞いたりお茶を飲んだりしながら見て回る個人住宅の庭は、公共の庭園や公園とは違った、個人的な知り合いが増えるような楽しみがある。そして、あとで写真を見返しながら気づいたことだが、私のイギリス風景の印象が、これら個人の庭の記憶でできているのだった。一つひとつの庭はそのままでは「公」園ではないが、NGSという仕組みのデザインによって、個人の営みが国土スケールの風景という「公」を担うものに高められているのである。

日本のオープンガーデン

日本ではどうだろうか。一七世紀後半、大名の私園を江戸市民に開放したことにその歴史が始まると見なす説もあるが、現代的な意味でのオープンガーデンが広まったのは一九九〇年代後半、やはりイギリスから移入されたものである。現在では一〇〇を超える団体の活動が知られてい

人々が足を止めるほどの「すごい庭」。集合住宅の庭からはみ出した、住民個人が手掛けるバラのガーデン（東京都多摩市）

る。本も出版され、北海道から沖縄まで種々の個人の庭が掲載されている。南北に長く気候が異なる日本列島の環境がそれぞれの庭に植えられている植物の違いにあらわれていて、写真を眺めるだけでも楽しい。

これらは地域振興の一環として自治体が先導するケースと、園芸趣味の仲間のつながりとして始められるケースがあるようだ。ほとんどが地域限定の活動であり、全国スケールのネットワーク組織にはなっていない。NGSのようなチャリティ目的の大規模なプロジェクトはつくりにくいだろうが、たとえばSNSを利用した新しいガーデンネットワークの仕組みなどに可能性があるかもしれない。

住宅地を歩いていると、人々が足を止めて写真を撮っているほどのすごい庭に出くわすことがある。それは「公」へ踏み出しうる「園」であり、それを支えているのは個人の「庭づくりへの情熱」にほかならない。

ヘスターコム・ガーデンズ（イングランド、サマセット州）。ガーデンデザイナーのガートルード・ジーキルが建築家のラッチェンズとともに二〇世紀初頭に改修を手掛けた、中世から続く屋敷の庭

てつみち（東京都調布市）

にご協力ください

「公開空時」暫定利用の空地の可能性

都市部の再開発のプロセスで、
「時限つき公開空地」が出現することがある。
仮設的な空間であるがゆえの
デザインや役割や魅力もあるように思える。

ルールが縛る「空地」

公園に求められる特質のひとつに、そこにあり続けるという「永続性」がある。公園は同じ場所にずっとあることが望ましい。

都市は、土地利用が目まぐるしく変化するところだ。その土地の使いかたは所有者に委ねられているし、建築物が土地の価値を決めることが多く、地面は常に「建設の圧力」に晒されている。そのため、いったんそこに確保されたらずっと残り続けるという、公園の

頑固な存続が重要になる。建設の圧力から土地を守り、建物が「ない」という状態を保ち、誰でもいつでもそこに居ることができる設えを維持するためには、ルールで強く縛る必要がある。公園が法的な制度である所以はこの点にあると言っていいだろう。うっかり建築が建ってしまわないように、法律は公園を定めている。

しかし、一時的に設けられる仮設の広場のよさもある。街路が通行止めされて人工芝や屋外家具が置かれる社会実験などは、近年あちこちの街で見かけるようになった。車道が短期間でも緑の広場に変貌するのはちょっとした眺めである。ビル

時限付きの広場、「てつみち」の人工芝に寝そべる

の建て替えの途中で敷地を広場として三年間公開した銀座ソニーパーク（東京都中央区）も話題を呼んだプロジェクトだった。期間限定の不安定な空地・緑地は都市の基盤としては望ましい形とは言えないが、仮設であるゆえの役割や魅力もあるように思う。

そんな「時限付き空地」のひとつに、二〇一七年に東京近郊の調布駅前にオープンした「てつみち」がある。京王線の地下化に伴って建設された商業施設に沿って、長さ一一〇メートル、幅一〇メートルの細長い小広場である。京王電鉄が線路の跡地を調布市に売却するまでの二年間、公共の空地として公開された。地面には線路が埋め込まれ、丸い人工芝や木合板の椅子やテーブル、遊具などが配置されていた。駅前という立地もあってか、「てつみち」はオープン直後から利用者で溢れた。ベビーカーを押した親子連れから、おしゃべりに興じる中・高校生、コーヒーカップを片手にスマホに見入る大人たちまで、多様な世代の人々が入り混じっていた（地元の市民である私も何度か訪れた）。

空間の隙間、時間の隙間

この時限付き小広場を特徴づけていたことのひとつは、「節約のデザイン」とでも呼ぶべき意匠である。仮設であったことも理由のひとつだろうが、置かれていた家具や遊具はどれも安価な材料を使ったシンプルな造作のものだった。複雑で意味ありげな形にしないことは、設計者の狙いでもあったようだ。インタビュー記事によると、地元の市民ワークショップを通して「管理されすぎた公共空間は自分の場所と思えない」という意味の声を聞き、使いかたや遊びかたを押し付けず、多様な人がそれぞれの場所を選んで好きなように使うことができる「余白」のあるデザインにしたという。

自治体が管理する公園では、合板の貼り合わせ家具などは、維持管理の手間や素材の短命さなどが難点となって使うことができない。「てつみち」は、そこが企業の私有地であること、公開期間が限定されていることなどの条件が、こうしたデザインを可能にしたのだろう。この仮設っぽさは、気軽に立ち寄れる雰囲気の演出にも寄与していたように思う。安価で手づくりめいた様子が、この場所を気のおけない打ち解けた感じをつくり出していた。

結局「てつみち」は二年間で終わらず、二〇二三年九月に六年の期間を終えて閉鎖された。このプロジェクトは再開発の過程に生じた空間的な隙間の活用であると同時に、数年間という「時間の隙間」へのデザインであったとも言える。

そんな時間の隙間は都市にはまだまだありそうだ。建て替えや再開発の際に、少しでも空地を公開する時間を確保できたら、街のあちこちには仮の広場が出現したり消えたりするようになるかもしれない。公開空地ならぬ「公開空時」である。

なお、いったん閉鎖した「てつみち」は、敷地が調布市に買収されて、市道として整備されたあと、「歩行者利便増進道路（ほこみち）」という制度が適用される区域となった。「ほこみち」とは、道路でありながらテーブルや椅子を

「節約のデザイン」の家具たち

設置したりイベントを行ったりするための占用を柔軟に行うための制度である。ここでは京王グループの株式会社京王SCクリエイションが占用者として認定され、二〇二四年に「(新)てつみち」という名で広場がオープンした。制度に守られた公共の道路の一部となって、以前よりも永続性が高まったとは言える。置かれている遊具などの多くは新たにつくり変えられたが、当初のてつみちのシンプルな仮設っぽさはデザインのテイストとして継承されているように見える。人工芝や合板の仕上げは健在である。

調布市のウェブサイトには、「多くの市民に楽しまれている状況を考慮し、引き続き自由度の高い空間を整備する」とあり、最初のてつみちの利用状況がその後の整備方針に影響を与えたことが窺える。社会実験が成功したというわけだ。

生まれ変わった（新）てつみち

岩手県陸前高田市、高田松原津波復興祈念公園の「海を望む場」

追悼の風景、他者のための公園

震災の津波被災地につくられた祈念公園は、
ここにはもう居ない人、
そしてここにはまだ居ない人に向けてつくられている。
他者と共存する場所が公園の条件であるとすれば、
祈念公園はとても公園的だと言えるだろう。

追悼・慰霊する公園

所属している学会の企画で、東日本大震災の被災地をあらためて回る機会があった。復興プロジェクトの現在の状況、特に公園を視察することが目的だった。岩手県や宮城県、福島県の太平洋沿岸部、特に津波の被害が大きかった地域では、復興事業としての防災工事とともに、いくつもの公園がつくられた。日本でこれほど短期間に広範囲に、そして象徴的に公園がつくられたことは今までなかったのではないだろうか。被災地につくられた公

ベトナム戦争戦没者慰霊碑（ワシントンDC）

園の多くには災害を記録する意図が込められ、犠牲になった方々を追悼する記念碑や慰霊碑が設けられている。訪れたほとんどの公園は震災から一〇年以上を経てなお、施設は新しく植栽はまだ小さく、どれも建設されて間もない様子を見せていた。それは、大規模なプロジェクトは体制の整備や合意形成に時間がかかること、そして公園が成熟した景観を呈するには長い時間が必要であることを示す風景でもあった。

死者を追悼しその生涯を称える碑を建てることは古代から行われてきた。しかし、現代の意味での慰霊碑が公共の施設として多くの国でつくられるようになったのは一九世紀から二〇世紀にかけてのことである。二度の世界大戦による膨大な犠牲者を追悼し記憶に留め、また平和の重要性を訴えるシンボルとして世界中

（上）高田松原津波復興祈念公園。「海を望む場」へのアプローチ
（下）同公園の献花台

で慰霊碑がつくられた。日本では、広島平和記念公園や長崎の平和公園などがそれである。

公共空間における慰霊碑のありかたとして大きな議論を巻き起こした事例に、アメリカのワシントンDCにつくられた「ベトナム戦争戦没者慰霊碑（Vietnam Veterans Memorial)」がある。一九八一年の公開コンペで選出された、当時二一歳の学生でアーティストのマヤ・リン氏（一九五九〜）の設計によるもので、地面に埋没した黒い石の壁に、戦死あるいは行方不明の兵士の名前が時系列に彫られたデザインは、戦没者への敬意を欠いているといった批判を浴びつつも、具象的な戦士の銅像や屹立するモニュメントとは異なる、静かな祈りの空間をつくった事例として現在でも高く評価されている。

行為としての追悼

公園を設計する側から考えると、特定の宗教の儀式や作法に基づくものでない限り、慰霊や祈念には自明な空間の形式や機能があるわけではないため、形を決めるための設計条件にしにくい。しかし、祈りの空間という点で、東北の慰霊の公園には共通した特徴が見られた。公園に設けられた追悼のための空間が海を向いていることだ。ほとんどの被災地には震災後に建設された防潮堤があり、低地から海を直接見ることはできない。だが、多くの追悼空間は高台や盛土造形された丘の上に設けられ、防潮堤越しに海を眺められるようになっていた。その様子は、防災工事によって断ち切った海と陸とのつながりを、高台の視点場から視覚的に取り戻そうとしているかのように見えた。沿岸の土地に大きな災いをもたらしたのは海から来た津波である。一方で、海は生業の場であり、ここに生きる人々に長く恵みをもたらしてきた。このような海と陸との割り切れない関係が慰霊の公園の構成にあらわれているようにも思える。

最も象徴的なのは岩手県陸前高田市の高田松原津波復興祈念公園だろう。ここでは「海を望む場」と名付けられた献花の空間が防潮堤の上に設けられている。陸を守るべく海との連続を断った防潮堤の形状が、海を眺望する台となっているのだ。道の駅と一体となった東日本大震災津波伝承館からは、真っ直ぐな歩道と階段が海を望む場へ続いていて、まるで防潮堤そのものが慰霊碑に見立てられたよう

石巻市震災遺構門脇小学校（宮城県石巻市）から海を望む

に見える。

多くの追悼空間には献花台が設けられている。訪れた人々は階段やスロープで歩いて登ってゆく。登り切ると防潮堤の向こうに海への眺望が開ける。この、歩いて登るという行為の経験に追悼・慰霊という意味が託されているように思える。空間の形状に翻訳しにくい追悼・慰霊を、坂を上って海を望むという行為に託したのだ。

他者に向けられた公園

公園は本来、誰が来て何をしても咎められることがない解放区である。それは、私のための場所となる一方で、私の知らない他者のための場所でもあるということだ。親密な人やものだけで埋まった空間は「庭」であって「公園」とは言えない。

慰霊碑に向かうとき、私たちはそこに記録された人々の名前を通して多くの人生に思いを馳せ、祈りを捧げる。慰霊碑や祈念公園が留めているのはかつての出来事であり、そこにはもう居ない人々の記録である。また、その記録はこれからの未来へ語り継ぐものであり、まだここには居ない人々に向けられたメッセージでもある。つまり、慰霊碑のデザインは、そこで祈る私の場所をつくるとともに「ここではない時間・空間」という「他者」に向けられているのだ。慰霊や祈念の公園は他者と共存する公園としての究極の形なのかもしれない。

石巻南浜津波復興祈念公園。「祈りの場」の水盤と献花台

初出および参考文献（URLは二〇二五年二月一日最終閲覧）

まえがき

［初出］「賑わわない公園」『造園修景』一五四、
一般財団法人日本造園修景協会、二〇二四年七月

第1章　都市のなかの公園

都市の庭になりつつある公園

［初出］『KAJIMA』鹿島建設（以下同）、二〇二三年一月
・飯沼二郎、白幡洋三郎『日本文化としての公園』
八坂書房、一九九三年
・小野良平『公園の誕生』吉川弘文館、二〇〇三年
・小野良平「公園・広場」、中村陽一ほか
『ビルディングタイプ学入門』誠文堂新光社、二〇二〇年

解放区としての街区公園

［初出］『KAJIMA』二〇二三年三月
・日本生活学会COVID-19特別研究委員会編
『COVID-19の現状と展望 生活学からの提言』
国際文献社、二〇二二年

屋上という気候

［初出］「「アーバン」な「山水」への誘い」『「アーバン山水」
展覧会公式カタログ』山水東京、二〇二三年一二月

第2章　公園の記号と性能

みんなの公園、わたしのベンチ

［初出］『KAJIMA』二〇二三年七月
・CENTRAL PARK CONSERVANCY "ADOPT-A-BENCH"
（https://www.centralparknyc.org/giving/adopt-a-bench/）
・東京都建設局「思い出ベンチ事業について」
（https://www.kensetsu.metro.tokyo.lg.jp/jigyo/park/tokyo_kouen/omoide/index.html）

トイレの矛盾と形

［初出］『KAJIMA』二〇二三年六月
・The Tokyo Toilet（https://tokyotoilet.jp）
・湯澤規子『ウンコはどこから来て、
どこへ行くのか人糞地理学ことはじめ』
筑摩書房、二〇二〇年
・取材協力／岩瀬諒子

禁止サインから禁止しないサインへ

［初出］『KAJIMA』二〇二三年八月
・取材協力／ランドスケープデザイン

遊具という象徴

［初出］『KAJIMA』二〇二三年四月
・取材協力／ランドスケープデザイン

第3章　自然との対峙

オープンスペースとしての水面

［初出］『KAJIMA』二〇二四年二月

雑木林の風景

［初出］『KAJIMA』二〇二四年一月
・岡島直方『雑木林が創り出した景色 文学・絵画・
庭園からその魅力を探る』郁朋社、二〇〇五年

樹木がもたらすもの

［初出］『KAJIMA』二〇二三年九月

・進士五十八ほか「安定空間の構成に関する研究（三）」『日本建築学会関東支部研究報告集』四九、一九七八年

表層の自然

［初出］『KAJIMA』二〇二三年一〇月

・吉田謙一「成熟都市シンガポールの公園のこれから」『Re』二〇二、建築保全センター、二〇一九年四月

第4章　公園のなかの造形

「欲の細道」ディザイア・パスの風景

［初出］『KAJIMA』二〇二三年一一月

光の風景

［初出］『KAJIMA』二〇二三年一二月

・岩嵜博論「イルミネーションアクティヴィティを誘発するランドスケープ」、landscape network901編『ランドスケープ批評宣言』LIXIL出版、二〇〇二年

田園風景の子孫たち

［初出］『KAJIMA』二〇二三年五月

・石川幹子『都市と緑地 新しい都市環境の創造に向けて』岩波書店、二〇〇一年

公園の形

書き下ろし

・キャサリン・グスタフソン、鈴木マキエ「建築論壇 都市の緑と多様性」『新建築』新建築社、二〇二四年一一月

・取材協力／小松良朗、岡隆裕、團野浩太郎（ともに日建設計）

第5章　公園の公共性

「公」を担いうる「園」

［初出］『KAJIMA』二〇二三年二月

・相田明、鈴木誠、進士五十八「英国ナショナル・ガーデン・スキームによるオープンガーデンの発祥と活動」『ランドスケープ研究』六五（五）、三九三〜三九六頁、日本造園学会、二〇〇二年

・林 香織、鈴木ひかり、福井ひなの、高橋未帆「日本におけるオープンガーデン史と情報発信方法の比較研究 三〇の事例をもとに」『江戸川大学紀要』三〇、一三五〜一四八頁、二〇二〇年

・『オープンガーデンガイドブック（二〇一六〜二〇一八年度版）』マルモ出版、二〇一六年

・The National Garden Scheme（https://ngs.org.uk/）

「公開空時」暫定利用の空地の可能性

［初出］「暫定利用の空地の可能性」『都市緑化技術』一二一、八〜一一頁、公益財団法人都市緑化機構、二〇二三年

・調布市「歩行者利便増進道路（通称：ほこみち）について」（https://www.city.chofu.lg.jp/documents/2938/openhouse_1-2.pdf）

追悼の風景、他者のための公園

［初出］『KAJIMA』二〇二四年三月

あとがき

この本は、鹿島建設株式会社の社内報『KAJIMA』に二〇二三年一月から二〇二四年三月まで連載されたエッセイをもとに編まれたものである。

連載の企画は、二〇二三年が日本における都市公園制度の始まりと言える太政官布達第一六号が発せられて一五〇年という「節目」の年でもあり、それを機にあらためて公園について考えてみようというものだった。

私は、東京農業大学で造園を学んだ後に鹿島建設株式会社の設計部署に就職し、大学教員へ転職するまでの二七年間、造園／ランドスケープの設計部門で働いていた。そんなご縁もあって、社内報への記事の連載はかつての同僚や上司や仕事関係の知人の目に触れるものとなり、いささか緊張を強いられる執筆になったのだが、それはともかく、私が設計実務についていた当時、公園は必ずしも野心的なランドスケープデザインの対象ではなかった。先鋭的なデザインはマンションやオフィスビルの空地で行われていた。自治体が管理する公園は建設予算も限られ、仕様の制約も多く設計管理もままならない施設であった。そんな状況はここ数年で大きく変化した。今や、良質な公園は全国でつくられ、公園に関する議論も盛んに行われ、公園についてのさまざまな本も多く出版されている。

そこで、「公園とは何か」を大上段に論じるよりも、毎回視点を変えながらなるべく多様な切り口から「公園をきっかけに考えること」を書くことにした。毎月、テーマを変えながら文章を書くのは思っていたよりもずっと大変な作業だったが、新しい切り口を探しながら公園を見歩くことは楽しく、学ぶことの多い一年間になった。

単行本としてまとめるためにいくつかの項目を追加し、時事性の高い記述に手を入れたりしたが、ほぼ連載時の文章をそのまま使った。あらためて読み返してみると、公園を使う側としてより計画・建設する側に偏った記述が多いように感じるし、文字数の制約もあってそれぞれの項目の考察はそれほど深いものではないが、特定の観点に限らず広く公園的な風景に目を向けるきっかけをつくる本にはなったと、著者としては思っている。

取材や執筆にあたっては、沢山の皆様のお世話になった。いくつかの公園については設計者にお話を聞く機会を得た。快く時間を割いて下さった皆様に感謝したい。鹿島出版会の久保田（林）昭子氏には、連載時にも、また本としてまとめるにあたっても大変にお世話になった。ありがとうございました。また、いつも私の文章の最初の読者であり、今回も公園の撮影にしばしば付き合ってくれた妻に感謝する。たまに一緒に公園に出かける伴侶がいてくれることは幸いである。

二〇二五年一月

Credit（特記なきものは著者撮影）

p・004-005
撮影／森田大貴

p・014
『日本之勝観』1903年、国会図書館所蔵

p・015
撮影／Nacasa & Partners

p・012-013
Jane Tyska, Digital First Media, East Bay Times: Getty Images

p・033
提供／三井祐介

p・042
Shutterstock.com

p・059
撮影／菊池由香

p・060-061
撮影／解良信介

p・089
Google Earthの画像をもとに著者作成

p・091
撮影／原田馨子

p・108
Google Earth

p・112-113
Travel Couples: Getty Images

p・115
Shutterstock.com

p・116
Yifei Fang: Getty Images

p・117
Shutterstock.com

p・123
Antonio Lopez Photography: Shutterstock.com

p・125
国土地理院ウェブサイト

p・126
Stephen Bridger: Shutterstock.com

p・154-155, p・158（上）
撮影／大村拓也

p・157
撮影／西井彩

Profille

石川 初　いしかわ・はじめ

ランドスケープアーキテクト／慶應義塾大学環境情報学部教授、博士（学術）。一九六四年京都府宇治市生まれ。東京農業大学農学部造園学科卒業。鹿島建設建築設計本部、Hellmuth, Obata and Kassabaum Saint Louis Planning Group、ランドスケープデザイン設計部を経て二〇一五年四月より現職。外部環境のデザインや地図の表現、地域景観などの研究・教育を行っている。著書に『思考としてのランドスケープ 地上学への誘い』（LIXIL出版、二〇一八年。二〇一九年度造園学会賞著作部門）、『ランドスケール・ブック』（LIXIL出版、二〇一二年）、『今和次郎『日本の民家』再訪』（瀝青会として共著、平凡社、二〇一二年。日本建築学会著作賞、日本生活学会今和次郎賞）など。

PARK STUDIES《パークスタディーズ》 公園《こうえん》の可能性《かのうせい》
二〇二五年 三月一五日 第一刷発行

著者 石川《いしかわ》 初《はじめ》
発行者 新妻 充
発行所 鹿島出版会
〒一〇四―〇〇六一 東京都中央区銀座六―一七―一 銀座六丁目-SQUARE 七階
電話〇三―六二六四―二三〇一 振替〇〇一六〇―二―一八〇八八三
印刷・製本 三美印刷
デザイン 中野デザイン事務所(中野豪雄 李敏楽)

ISBN 978-4-306-07373-9 C3052

本書の内容に関するご意見・ご感想は左記までお寄せください。
URL:https://www.kajima-publishing.co.jp
e-mail:info@kajima-publishing.co.jp